气候变化与社会发展

Climate Change and Social Development

程明道 著

社会科学文献出版社
SOCIAL SCIENCES ACADEMIC PRESS (CHINA)

作者简介

程明道，安徽人。1982年提前一年毕业于中国科学技术大学，1985年于中国科学院，获硕士学位。之后，留中国科学院工作。1988~1996年，在英国布里斯托（Bristol）大学、雷丁（Reading）大学和英国气象局学习和工作，于布里斯托大学地理系获博士学位，并获得英国皇家学会的皇家研究员（Royal Fellowship）项目资助。留英期间，曾任全英国中国学生学者联谊会主席。1996年至今在中国气象局任研究员和博士生导师，是多所高校的兼职教授及博士生导师，1998年被国家人事部评为"20位优秀归国留学人员"。现任中国工程院气候变化咨询专家，负责气候变化与社会发展方面的研究。已发表论文和研究报告100余篇，出版专著多部，2007年获国家科技进步二等奖。

序 言

　　程明道教授的《气候变化与社会发展》一书终于出版了。在此，首先表示衷心的祝贺！多年来，博学多才的程明道教授作为资深的气象学家一直参与我们的研究项目。2010年春节后不久，程教授希望我能对他的论文《两千余年中国气候变化与社会发展关系和机理研究及应对气候变化建设和谐社会的思考》提出一些建议。之后，我们多次对与此相关的话题进行了讨论。对该文作了少量删减后成为该次出版的《气候变化与社会发展》的第一部分。

　　程教授在此专著里，提出的"气候和环境变化与社会状态相互作用引发社会变化和发展的理论"特具创意。该理论不同于气候环境决定论、气候决定论、文化决定论、经济决定论、政治决定论及制度决定论等理论，但又不完全否认这些决定论在某些特殊情况下的合理性。事实上，在某种要素起决定性作用的特殊情况下，此项理论可过渡到某种要素决定论。

程教授从宏观角度研究气候变化与万年以来中国区域文明发展、古罗马兴衰、玛雅文明兴衰等，指出在一定条件下气候变暖常常伴随社会繁荣，气候变冷常常伴随社会萧条甚至导致社会动乱。我国考古文明的更替和千年尺度的气候变化周期相关：如距今 7000~5000 年仰韶文化的大发展对应 10000 年来的气候最暖期，气温应比现今高 2℃~3℃。其文化覆盖范围从最初的陕西地区和晋豫交界地区，扩展到东达黄河下游，西到甘青地区，南及江汉平原，北至内蒙古南部。

两千余年来中国区域地表气温存在 3 个时间尺度为数百年（大时间尺度）的交替震荡上升的升温（变暖）期和震荡下行的降温（变冷）期。与这数百年尺度升温期对应的是强大繁荣的王朝或政权，如两汉、隋唐、清朝和中华人民共和国；而与数百年尺度降温期对应的却是混乱的时代，如战乱的战国、魏晋、南北朝、五代十国，以及相对贫弱的王朝，如两宋、元朝和明朝。显然，与某王朝的强盛与否和该朝代气候的冷暖关联甚小。

在大时间尺度的气候增温和降温期，叠加了时间尺度为数年、数十年和约百年（小时间尺度）的气候增温和降温期。两千余年来所有 16 个主要朝代或政权的更迭（即春秋、战国、秦朝、西汉、东汉、魏晋、南北朝、隋、唐、五代十国、北宋、南宋、元、明、清、中华民国和中华人民共和国前后朝代之间的更替)、几乎所有12个北方少数民族政权的建立、所有18个有破坏力的外族入侵和引起大规模社会动荡的民众起义都对应小时间尺度气候降温期和气候由增温转为降温的转折期。其中,小时间尺度气候转折期及其附近时间段是大规模社会动荡事件易发期。然而,不是所有的气候降温期和降温期的社会动荡都会引发改朝换代,气候降温期也曾有唐初"贞观之治"和东汉初期"光武中兴"等社会繁荣和稳定。气候持续增温期也不总对应社会繁荣和稳定,如东汉后期、唐朝后期和五代十国的政局和社会不稳。因此,气候变化不是制约中国社会发展和历史进程的唯一或主要因子。

作者还探讨了气候变化影响中国社会发展和历史进程的机理,其中包括气候变化引发社会大动荡和朝代更迭机理、气候变化与社会繁荣稳定关系机理和气候变化与朝代强盛关系机理。并提出了气候变化引发社会大动荡和朝代更迭理论模型,以及气候变化和社会繁荣关系的理论模型。分析表明,气候变化通过直接冲击社会经济和黎民百姓的生活环境,同政治及社会状态和政治文化一起影响和制约了中国数千年来的社会发展和历史进程。

在此基础上,作者针对当前气候变化及我国社会、经济、政治、文化的发展，提出了应对气候变化的对策，具有重要的现实意义，尤其对我国政治制度、经济制度、社会制度及文化的理解具有创意。现在正是我们国家进行社会主义文化建设和理论创新的关键时期，本专著的推出恰逢其时。

彭镇华

2011 年 10 月

目　录

第一部分
两千余年中国气候变化与社会发展关系
机理研究及应对气候变化的思考

导　读 ………………………………………………………… 3

第一章　引言 ………………………………………………… 8

第二章　选取的资料 ………………………………………… 10
　第一节　气候变化和气象灾害资料 ……………………… 10
　第二节　社会进程和重大历史事件及社会繁荣资料 …… 12

第三章　气候变化与历史事件及社会过程 ………………… 17
　第一节　大时间尺度气候变化与王朝强盛 ……………… 17
　第二节　小时间尺度气候变化与朝代更迭 ……………… 19

第三节　小时间尺度气候变化与北方
　　　　　　少数民族政权……………………………… 21
　　第四节　小时间尺度气候变化与社会动荡………… 23
　　第五节　小时间尺度气候变化与社会繁荣………… 26

第四章　气候变化影响中国社会发展机理初步探讨 ……… 28
　　第一节　气候变化与经济和生存环境……………… 28
　　第二节　传统政治文化和制度及社会形态………… 33
　　第三节　气候变化引发社会大动荡和
　　　　　　朝代更迭机理………………………………… 40
　　第四节　气候变化与社会繁荣稳定机理…………… 43
　　第五节　气候变化与朝代强盛关系机理…………… 45

第五章　应对气候变化建设和谐社会的思考…………… 48
　　第一节　应对气候变化政府应采取的一些举措…… 48
　　第二节　应对气候变化对政治、经济等制度和
　　　　　　文化发展的要求……………………………… 52

第六章　结论 ……………………………………………… 74

致　　谢 …………………………………………………… 80

参考文献 …………………………………………………… 81

第二部分
相关研究论文和摘要

气候和环境变化与社会状态相互作用引发

   社会变化和发展理论 ································ 89

万年以来气候变化与中国区域文化发展的研究 ·············· 93

大发展的仰韶文化兴衰与气候变化 ····················· 95

古罗马兴衰与气候变化 ····························· 97

玛雅文明的兴衰与气候变化 ·························· 105

中国政治制度演变和发展探讨 ······················· 107

Influences of Climate Change on Chinese Social

   Development over the Last Two Millennia ············ 117

后　记 ··· 141

图表目录

图1 公元前650年到公元2000年中国区域
　　温度变化和社会发展 ………………………… 13
图2 各朝代中国区域温度距平平均值 …………… 16
图3 明朝我国地表气温变化和大规模旱灾与
　　水灾事件 ……………………………………… 30
图4 中央政府、政治等制度与和谐社会的
　　关系示意图 …………………………………… 38
图5 气候变化（变冷）引起社会大动荡和王朝更迭
　　及少数民族政权建立模型 …………………… 42
图6 气候变化与王朝繁荣期的关系示意图 ……… 45
图7 计划和市场有机结合的经济信息和
　　服务系统示意图 ……………………………… 69
图8 经济计划制定和政策法律对经济影响
　　评估系统示意图 ……………………………… 70

图 9　气候和环境变化与社会状态相互作用引发
　　　社会变化和发展的理论示意图 ················· 92
表 1　主要王朝或政权更迭与其时温度距平趋势线上的
　　　峰值对应的时间和温度距平，以及两者的差 ······ 20
表 2　少数民族政权建立相对应温度距平趋势线上
　　　峰值的时间和温度距平，以及两者的差 ········· 22
表 3　社会动乱相对应温度距平趋势线上峰值的
　　　时间和温度距平，以及两者的差 ··············· 24
表 4　公元元年以来我国历史上 6 个最著名的
　　　繁荣时段及对应气候变化类型 ················· 27
表 5　明朝的水灾、旱灾时段及对应的
　　　气候变化类型 ······························· 31

第一部分

**两千余年中国气候变化与
社会发展关系机理研究及
应对气候变化的思考**

导　读

　　首先，本研究基于两千余年来中国区域气候变化资料，探讨了中国气候变化与中国社会发展的关系。结果表明，两千余年中国区域地表气温存在时间尺度为 3 个数百年（大时间尺度）交替震荡上升的升温（变暖）期和震荡下行的降温（变冷）期。与这数百年尺度升温期对应的是强大繁荣的王朝（或政权）——如两汉、隋唐、清朝，以及中华人民共和国；而与数百年尺度降温期对应的却是混乱的时代和相对贫弱的王朝，混乱的时代如战乱的战国、魏晋、南北朝和五代十国，相对贫弱的王朝如两宋、元朝和明朝。而王朝的强盛与否和该朝代气候的冷暖关联很小。

　　在大时间尺度的气候增温和降温期，叠加了时间尺度为数年、数十年和约百年（小时间尺度）的气候增温和降温期。两千余年来 16 个主要朝代的更迭（即春秋、战国、秦朝、西汉、东汉、魏晋、南北朝、隋、唐、五代十国、北宋、南宋、元、明、清以及中华民国前后朝代或政权之间的更替）、几乎所有 12 个北方少数民族政权的建立、所有18个有破坏力的外族入侵和引起大规模社会动荡的民众起义都对应小时间尺度气候降温期和气候由增温转为降温的转折期。其中，小时间尺度气候转折期及其附近时间段是大规模社会动荡事件易发期。与气候降温相对照的气候持续增温期，社会相对繁荣和稳定，如隋朝的"开皇之治"、唐朝的"开元盛世"和清朝的"康乾盛世"等。

因此，两千余年中国气候变化深刻影响了中国社会发展和历史进程。一方面，气候变化（降温趋势）可能引发朝代更迭、北方少数民族政权的建立、有破坏力的外族入侵和引起大规模社会动荡的民众起义等。另一方面，气候变化（升温趋势）可推动社会繁荣。然而，不是所有的气候降温期和降温期的社会动荡都会引发改朝换代，气候降温期也曾有唐初、贞观之治、和东汉初期、光武中兴等社会繁荣和稳定。气候持续增温期也不总对应社会繁荣和稳定，如东汉后期、唐朝后期和五代十国的政局和社会不稳。因此，气候变化不是制约中国社会发展和历史进程的唯一因子。

其次，基于笔者关于中国政治制度演变和发展理论、中国传统政治文化特性和气候变化对经济和生活环境等的影响，初步探讨了气候变化影响中国社会发展和历史进程的机理，其中包括气候变化引发社会大动荡和朝代更迭机理、气候变化与社会繁荣稳定关系机理、气候变化与朝代强盛关系机理。并提出了气候变化引发社会大动荡和朝代更迭理论模型，以及气候变化和社会繁荣关系的理论模型。分析表明，气候变化通过直接冲击社会经济和黎民百姓的生活环境，同政治及社会状态和政治文化一起影响和制约了中国数千年来的社会发展和历史进程。

在领导集团腐败和贫富悬殊造成社会割裂极其严重时，气候降温趋势可能是造成朝代更迭、北方少数民族政权的建立、有破坏力的外族入侵和大规模社会动荡的民众起义的决定性因素。当皇帝贤明、吏治清廉、社会和谐时，即使在降温趋势中，社会也会繁荣稳定，如唐初"贞观之治"和东汉初期"光武中兴"等。同时，也揭示了中国传统政治和社会等制度，在气候变暖期一般工作良好，而在气候变冷期可能表现强差人意，甚至具有极大的破坏性。

再次，基于两千余年中国气候变化与社会发展关系机理分析，本文对应对气候变化、建设和谐社会进行了一些思考。这些思考分两个层面。第一层面是根据本课题的研究成果，应对气候变化，政府应采取的一些措施。如深入研究气候变化对中国社会发展的影响；国家在制定少数民族政策时应考虑气候变化因素；中国通史及其他专题史应体现气候变化对历史进程的影响；加强气候变化教育遏制社会腐败；政府制定应对气候变化预案时应同时考虑应对气候变冷和变暖这两种趋势。在目前一片气候变暖声中，最后一点政府尤其应予以关注。事实上，气候变冷对社会可能具有极大的破坏性，而这轮从 1650 年起大时间尺度震荡升温期到目前已达 360 年，已远远超过从公元 550 至 840 年升温期经历的 290 年，并接近从公元前 170 年至公元 220 年这段升温期经历的 390 年。2007～2008 年雨雪冰冻和 2009～2010 年的全球寒冬是否敲响了气候变冷的警钟呢？

第二层面包含当今政治制度、社会制度、经济制度和文化发展等需要深入讨论的问题。从中国政治制度演变和发展等理论以及应对气候变化的角度出发，指出：

(1) 当今的政治制度体系的先进性。当今的政治制度是集古今中外政治理念精华，彻底改造传统政治制度而形成的，避免了传统政治制度中最高领导人世袭制而产生的平庸、荒淫、误国、残暴或傀儡的皇帝，取而代之的是领导人科学选拔制、任期制和退休制，满足了以中央政府为框架建设和谐社会对最高领导人和领导集体德才的要求。代表全中国人民根本利益的中国共产党取代了传统政治制度中宗法和军功利益集团，极大地提高了社会凝聚力。因此，当今中国的政治制度具有理论上的先进性，且已显示出强大的凝聚力、生命力和创造力。然而，如何避免困扰历朝历代的吏治腐败问题仍然是当下一个挑战性的课题。可能的措施是加强正面教育，如前面提到的加强气候变化教育遏制社会腐败和依法治国，可能是避免吏治腐败的根本。

（2）我国经济制度的优越性。我国已成功地将社会主义和市场经济有机结合，形成了适合我国国情的独特经济制度——社会主义市场经济制度。这一经济制度，保证了我国经济长期快速稳定发展，并成功地抗击了1997年的东南亚经济危机和2007年开始的世界经济危机。如何进一步发展和完善这一适合中国国情的社会主义市场经济制度，仍然是"路漫漫其修远兮，吾将上下而求索"的过程。为此，应深入开展计划和市场有机结合的经济制度研究，进一步发展和完善该经济制度，并逐渐过渡到以计划经济为主的经济制度。提出了建立、发展和完善经济信息和服务系统，以及政策法律影响评估和预评估和经济计划制作系统。

（3）建设平等和谐社会的重要性和紧迫性。当今社会，由于贫富悬殊较大造成了社会的两极分化。为了避免社会的危机发生，需要建立和发展符合我国传统的人性化平等和谐社会，创造一个对各阶层都有激励和都能接受的共同富裕道路，修正目前的贫富悬殊的现象。为此，目前迫切需要对一些能引起贫富分化的法律法规和产业政策进行调整，这对增强社会凝聚力，积极应对气候变化是一个必要举措。

（4）发展适合于应对气候变化的和谐社会文化、艺术和体育的文化体系。创建和发展平等和谐社会文化，消除物质享受和金钱崇拜文化消极影响，形成能满足人们无限的精神享受的文化、艺术和体育体系。

第一章　引言

　　气候变化越来越受到国内外各方面的重视[①]。对中国历史气候变化及其对社会的影响的研究是气候变化研究的重要内容之一，也受到广泛的关注。自竺可桢[②]讨论中国近五千年气候变化以来，中国历史气候研究和历史气候重建已取得重要的进展[③]。

　　有关气候异常对历史事件和历史进程的影响，早在两千余年前西周周幽王时，伯阳甫就曾指出"昔伊（水）、洛（水）竭而夏亡，（黄）河竭而商亡"（《国语·周语上》）。

[①] 秦大河、陈宜瑜：《中国气候与环境演变》，北京，科学出版社，2005，第562页。IPCC, *The Fourth Assessment Report* (*AR4*), 2007。
[②] 竺可桢：《中国近五千年来气候变迁的初步研究》，《考古学报》1972年第1期，第15~38页。
[③] 施雅风、孔昭宸等：《中国全新世大暖期的气候波动与重要事件》，《中国科学》（B辑）1992年第12期，第1300~1308页。张德二、刘传志、江剑民：《中国东部6区域近1000年干湿序列的重建和气候跃变分析》，《第四纪研究》1997年第1期，第1~11页。王绍武、龚道溢：《全新世几个特征时期的中国气温》，《自然科学进展》2000年第4期，第325~332页。Yang Bao, Braeuning A, Johnson K R, et al., "General characteristics of temperature variation （转下页注）

许靖华[①]指出不适宜的气候（干旱）引起庄稼歉收和大面积的饥荒引起民族大迁移和社会动荡。近年来有关东亚季风变化对历史事件的影响引起热烈的讨论和激烈的辩论[②]。

接着这些讨论，本研究利用中国区域气候变化资料，探究两千余年来中国区域气候变化与中国社会发展关系和机理，并对应对气候变化、建设和谐社会等进行了讨论。

（接上页注③）in China during the last two millennia," *Geoph Res Lett* 29（2003）：381 – 384. Tan Ming, Liu Tungsheng, Hou Juzhi, et al., "Cyclic rapid warming on centennial-scale revealed by a 2650-year stalagmite record of warm season temperature," *Geoph Res Lett* 30（2003）：19 – 1 – 4. 唐国利，任国玉：《近百年中国地表气温变化趋势的再分析》，《气候与环境研究》2005 年第 4 期，第 791～798 页。

① 许靖华：《太阳、气候、饥荒与民族大迁移》，《中国科学（D辑）》1998 年第 4 期，第 366～384 页。

② Curtis, J. H., Hodell, D. A., Brenner, M. "Climate variability on the Yucatan Peninsula (Mexico) during the past 3500 years and implications for Maya cultural evolution," *Quaternary Research* 46（1996）：37 – 47. Hodell, D. A., Brenner, M., Curtis, J. H. and Guilderson, T., "Solar forcing of drought frequency in the Maya lowlands," *Science* 292（2001）：1367 – 1370. Holzhauser, H., Magny, M., and Zumbuhl, H. J., "Glacier and lake-level variations in west-central Europe over the last 3500 years," *The Holocene* 15（2005）：789 – 801. Yancheva, G. et al., "Influence of the intertropical convergence zone on the East Asian monsoon," *Nature* 445（2007）：74 – 77. Webster, J. W. et al., "Palaeogeography, Palaeoclimatology," *Palaeoecology* 250（2007）：1 – 17. Zhang, D. E. and Lu, L. H., "Anti-correlation of summer/winter monsoons?" *Nature* 450（2007）; doi: 10.1038/nature06338. Zhang et al., "A Test of Climate, Sun, and Culture Relationships from an 1810-Year Chinese Cave Record," *Science* 322（2008）：940; doi: 10.1126/science.1163965.

第二章 选取的资料

第一节 气候变化和气象灾害资料

自竺可桢讨论我国近五千年气候变化以来[1]，中国历史气候重建已取得重要的进展，报道了许多成果。这些成果主要包括东亚季风资料[2]、降水资料[3]和地表气温资料[4]

---

[1] 竺可桢：《中国近五千年来气候变迁的初步研究》，《考古学报》1972年第1期，第15~38页。

[2] Yancheva, G. et al., "Influence of the intertropical convergence zone on the East Asian monsoon," *Nature* 445 (2007): 74–77. Webster, J. W. et al., "Palaeogeography, Palaeoclimatology," *Palaeoecology* 250 (2007): 1–17. Zhang, D. E. and Lu, L. H., "Anti-correlation of summer/winter monsoons?" *Nature* 450 (2007); doi: 10.1038/nature06338. Zhang et al., "A Test of Climate, Sun, and Culture Relationships from an 1810-Year Chinese Cave Record," *Science* 322 (2008): 940; doi: 10.1126/science.1163965.

[3] 张德二、刘传志、江剑民：《中国东部6区域近1000年干湿序列的重建和气候跃变分析》，《第四纪研究》1997年第1期，第1~11页。王绍武、龚道溢：《全新世几个特征时期的中国气温》，《自然科学进展》2000年第4期，第325~332页。

[4] Zhang Jiacheng (ed)., *The Reconstruction of Climate in China for Historical Times* (Beijing: Science Press. 1998), 174. Yang Bao, Braeuning A, Johnson K R, et al., "General characteristics of temperature variation in China during the last two millennia," *Geoph Res Lett* 29 (2002.): 381–384. Ge Quansheng, Zheng Jingyun, Fang Xiuqi, et （转下页注）

等。由于降水事件本身的局地性①，重建的资料很难代表整个中国区域降水，并且重建的东亚季风资料本身及东亚季风对我国历史事件的影响还存在争论②。因此，在本研究中，历史气候变化资料只选用重建的地表气温资料。

　　基于本研究的需要，其历史气候变化资料选取公开发表的三套地表气温距平时间序列③。其中，Yang Bao 等人编

（接上页注③）al.，"Temperature Changes of Winter-Half-Year in Eastern China During the Past 2000 Years," *The Holocene* 13 (2003)：933 - 940. Tan Ming, Liu Tungsheng, Hou Juzhi, et al.，"Cyclic rapid warming on centennial-scale revealed by a 2650-year stalagmite record of warm season temperature," *Geoph Res Lett* 30 (2003) 唐国利、任国玉：《近百年中国地表气温变化趋势的再分析》，《气候与环境研究》2005 年第 4 期，第 791 ~ 798 页。

① Cheng, M., Estimation of precipitation using satellite, radar, and rain gauge data. Ph. Thesis, The University of Bristol, 1994, p. 400. 程明道等：《暴雨系统的多普勒雷达反演理论和方法》，北京，气象出版社，2004，第 254 页。

② Yancheva, G. et al.，"Influence of the intertropical convergence zone on the East Asian monsoon," *Nature* 445 (2007)：74 - 77. Webster, J. W. et al.，"Palaeogeography, Palaeoclimatology," *Palaeoecology* 250 (2007)：1 - 17. Zhang, D. E. and Lu, L. H.，"Anti-correlation of summer/winter monsoons?" *Nature* 450 (2007)；doi：10.1038/nature06338. Zhang et al.，"A Test of Climate, Sun, and Culture Relationships from an 1810-Year Chinese Cave Record," *Science* 322 (2008)：940；doi：10.1126/science.1163965.

③ Yang Bao, Braeuning A, Johnson K R, et al.，"General characteristics of temperature variation in China during the last two millennia," *Geoph Res Lett* 29 (2002.)：381 - 384. Tan Ming, Liu Tungsheng, Hou Juzhi, et al.，"Cyclic rapid warming on centennial-scale revealed by a 2650-year stalagmite record of warm season temperature," *Geoph Res Lett* 30 (2003). 唐国利、任国玉：《近百年中国地表气温变化趋势的再分析》，《气候与环境研究》2005 年第 4 期，第 791 ~ 798 页。

写的资料是根据已发表的代表九个区域的冰芯、树轮、湖泊沉积与历史文献等序列而建立的代表整个中国区域公元元年~2000年时间分辨率为10年的温度变化序列。Tan Ming等人编写的资料是根据北京石花洞的石笋年层厚度建立的过去2650年5~8月的时间分辨率为1年的代表北京地区的温度变化序列。唐国利、任国玉等的资料是根据国家气象中心资料室整理的1841~2001年的逐年、逐月温度和降水量数据集而建立的1905~2001年全国平均年温度距平序列。考虑到各资料的时空代表性，公元前665~公元元年 和公元元年~2000年的气候变化资料分别取自 Tan et al. 和 Yang et al. 的温度变化序列［见图1（a）至图1（b）］，其中公元前665~公元元年资料被转化成为分辨率为10年，1905~2001年主要采用唐国利、任国玉等提供的资料［见图1（c）］。

第二节　社会进程和重大历史事件及社会繁荣资料

本研究选取的社会进程和重大历史事件资料主要基于主流历史学家的观点，取材于现代人编写的《中国通史》①。历史进程包含的主要朝代（或政权）从春秋始，历

---

① 范文澜、蔡美彪：《中国通史》，北京，人民出版社，2009；白寿彝：《中国通史》，上海，上海人民出版社，2007；于海娣、黎娜：《中国通史》，哈尔滨，黑龙江科学技术出版社，2007，第749页。

第二章　选取的资料　　13

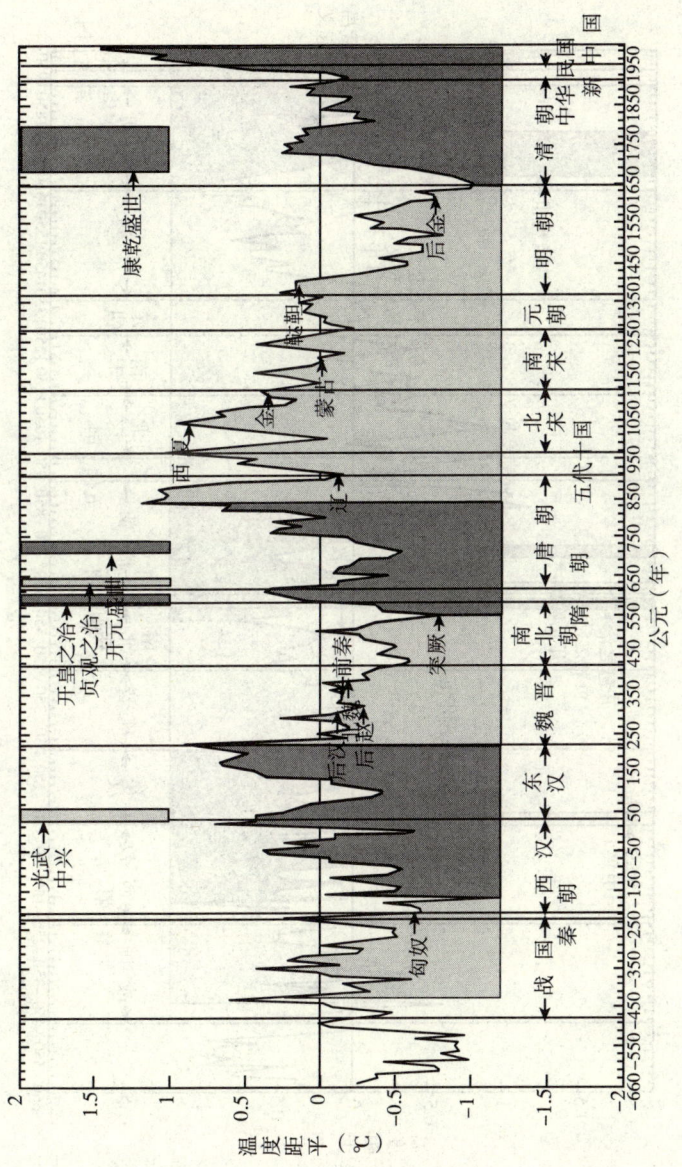

图 1 (a)

14 | 气候变化与社会发展

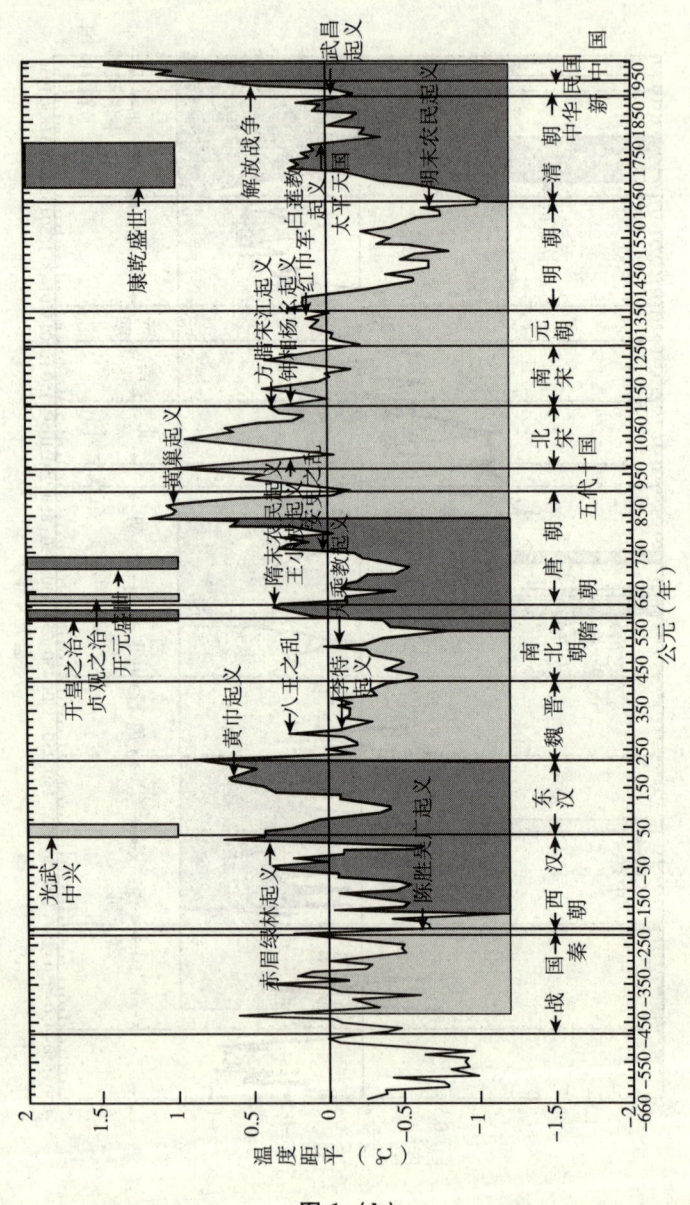

图 1 (b)

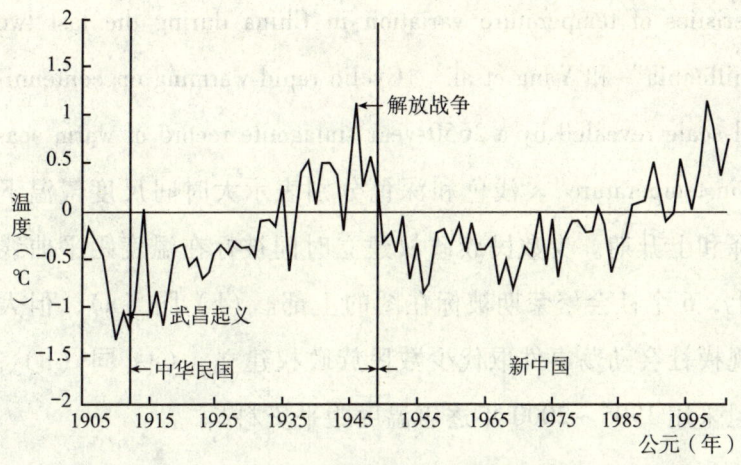

图 1 (c)　公元前 650 年到公元 2000 年中国
区域温度变化和社会发展

　　经战国、秦朝、西汉、东汉、魏晋、南北朝、隋朝、唐朝、五代十国、北宋、南宋、元朝、明朝、清朝、中华民国，直到中华人民共和国。王莽的新朝和武则天的周朝的建立源于较为平稳过渡的禅让，且持续时间较短，故分别被并入西汉和唐朝（见表1）。重大历史事件含主要少数民族政权的建立（见表2）、引起大规模社会动荡的民众起义和统治集团内部大冲突（见表3），此外也将社会相对繁荣和稳定看做重大历史事件来分析（见表4）。

　　图释：(a) 公元前 665 ~ 公元元年 和公元元年 ~ 2000 年期的气候变化资料分别取自 Tan et al. "General characteristics of temperature variation in China during the last two millennia"和Yang et al. "Cyclic rapid warming on centennial-scale revealed by a 2650-year stalagmite record of warm season temperature"。浅色和深色分别表示大时间尺度气温下降和上升期。少数民族政权建立时间被标在温度距平曲线上，6个社会繁荣期被标在图的上部。(b) 同 (a)，但大规模社会动荡事件取代少数民族政权建立。(c) 同 (b)，但采用1905～2000年逐年温度距平资料[1]。

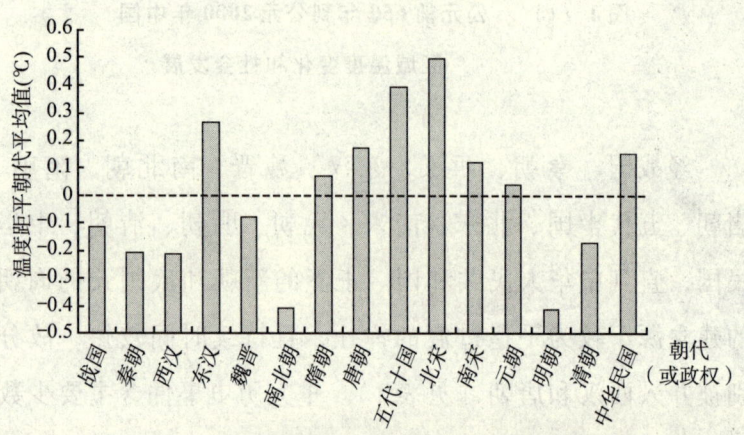

图2 各朝代中国区域温度距平平均值

---

[1] 唐国利、任国玉：《近百年中国地表气温变化趋势的再分析》，《气候与环境研究》2005年第4期，第791～798页。

第三章 气候变化与历史事件及社会过程

第一节 大时间尺度气候变化与王朝强盛

图1给出公元前650年到公元2000年中国区域温度变化和社会发展。浅色和深色分别表示大时间尺度气温下降和上升期。从图1（a）可以看出中国区域地表气温距平在公元前170年达到极小值后经390年的震荡上行（气候变暖）于公元220年达极大值0.90℃，之后经330年震荡下行（气候变冷）于公元550年至极小值-0.81℃，形成一个上行段比下行段长60年的不对称的历经720年的周期。上行段对应了两千余年来我国历史上最强大的两汉王朝，与之对比的下行段对应的却是混乱分裂的魏晋南北朝。之后气温距平又经290年震荡上行于公元840年达到极大值1.19℃，然后经810年的震荡下行于1650年至极小值

-1.02℃，形成一个上行段比下行段短520年的严重不对称的历经1100年的周期。上行段再一次对应了两千余年来我国历史上另一段最强大的隋唐王朝时期，与之形成对比的下行段对应的是混乱的晚唐和五代十国以及相对柔弱的两宋、元朝和明朝。气温距平在公元1650年探底后又震荡上行直至公元2000年，此段又见到强大的清帝国及中华人民共和国。从图1（a）可知，混乱的战国对应气温距平震荡下行期。

因此，两千余年来中国区域地表气温存在时间尺度为3个数百年（大时间尺度）交替震荡上升的升温（变暖）期和震荡下行的降温（变冷）期。与这数百年尺度升温期对应的是强大繁荣的王朝，而与数百年尺度降温期对应的却是混乱的时代和相对柔弱的王朝。

图2给出各个朝代平均温度的柱状图。从图1（a）和图2可知，相对寒冷期对应的王朝是战乱的战国、魏晋和南北朝，相对贫弱的明朝和强大的秦朝、西汉和清朝。相对温暖期对应的王朝是战乱的五代十国，相对贫弱的两宋、元朝及中华民国和强大的东汉、隋朝、唐朝及中华人民共和国。因此，王朝或国家的强盛与否和该时期气候的冷暖关联很小，也许相比于寒冷的气候，温暖的气候稍微有利于王朝的兴盛。

第二节　小时间尺度气候变化与朝代更迭

从图 1（a）～（c）可知，在数百年大时间尺度的气候增温和降温期，叠加了时间尺度为数年、数十年和约百年（小时间尺度）交替的气候增温和降温期。从图 1（a）和图 1（c）可知，两千余年来 16 次主要王朝或政权更迭应对应小时间尺度升温期、由升温至降温的转折期和降温期。考虑到气候资料的分辨率为 10 年，本研究将温度距平峰值前后半分辨率（5 年）时间区间定义为转折期。降温期的朝代更迭有春秋—战国、秦朝—西汉、魏晋—南北朝、南北朝—隋朝、隋朝—唐朝、唐朝—五代十国、北宋—南宋、明朝—清朝、清朝—中华民国。由升温至降温的转折期的朝代更迭为战国—秦朝、西汉—东汉、东汉—魏晋、五代十国—北宋、元朝—明朝。从图 1（a）可知，中华民国—中华人民共和国的更迭对应升温期。但从时间分辨率和观测精度更高的图 1（c）所显示的时间分辨率为 1 年中国区域温度距平来判断，中华民国—中华人民共和国政权的更迭实际上对应的是小时间尺度气候降温期，但根据本研究的定义属于转折期。因此，两千余年来 16 次主要朝代或政权的更迭都对应小时间尺度气候降温期和转折期。同时，存在更多的没有朝代更迭的小时间尺度气候降温期和转折期。

表 1 总结了上面的讨论，并给出主要王朝更迭与之对

表 1　主要王朝或政权更迭与其时温度距平趋势线上的峰值对应的时间和温度距平，以及两者的差

单位：年，℃

序号	王朝更迭	王朝更迭 时间	王朝更迭 温度距平	趋势线温度距平峰值 时间	趋势线温度距平峰值 温度距平	差值* 时间	差值* 温度距平	气候变化类型
1	春秋—战国	-476	-0.24	-490	0.01	14	-0.25	降温期
2	战国—秦朝	-221	0.25	-220	0.26	-1	-0.01	转折期
3	秦朝—西汉	-206	-0.64	-220	0.26	14	-0.90	降温期
4	西汉—东汉	25	0.56	20	0.70	5	-0.14	转折期
5	东汉—魏晋	220	0.90	220	0.90	0	0	转折期
6	魏晋—南北朝	420	-0.41	400	-0.26	20	-0.15	降温期
7	南北朝—隋朝	581	-0.38	570	-0.37	11	-0.01	降温期
8	隋朝—唐朝	618	0.34	610	0.37	8	-0.03	降温期
9	唐朝—五代十国	907	-0.11	870	1.08	37	-1.19	降温期
10	五代十国—北宋	960	1.06	960	1.06	0	0	转折期
11	北宋—南宋	1127	0.29	1120	0.40	7	-0.11	降温期
12	南宋—元朝	1279	-0.20	1240	0.42	39	-0.62	降温期
13	元朝—明朝	1368	0.24	1370	0.30	-2	-0.06	转折期
14	明朝—清朝	1644	-1.00	1630	-0.62	14	-0.38	降温期
15	清朝—中华民国	1912	-0.05	1900	0.20	12	-0.25	降温期
16	中华民国—中华人民共和国	1949	0.27	1946	1.14	3	-0.87	转折期

*差值为王朝建立的时间和温度距平分别减去趋势线上峰值点的时间和温度距平的值。

应的温度距平趋势线上峰值时间和温度距平,以及两者的差。从表1可知,王朝更迭与其时温度距平趋势线上的峰值对应的时间差最长的39年对应南宋—元朝政权的更迭,最小的时差为-2年,对应元朝—明朝政权的更迭。-2年的时差可能不说明朝代更迭先于降温前,而是由于所用资料的时间分辨率为10年的缘故,处于正常的转折区内。这说明王朝更迭可能发生在降温初期,也可能发生在长期的持续降温之后。王朝更迭与其时温度距平趋势线上的峰值对应的温度距平差最大为-1.19℃,对应唐朝—五代十国的更迭;最小为0℃,对应东汉—魏晋等朝代的更迭。这表明对应朝代更迭的中国区域10年平均降温幅度并不大。

第三节 小时间尺度气候变化与北方少数民族政权

图1(a)在温度距平曲线上标上了两千余年来12个我国北方少数民族政权建立事件。选取的这12个北方少数民族政权主要是由于这12个少数民族政权在我国历史上的重大影响。例如:匈奴和突厥曾分别侵袭强大的汉朝和唐朝;后赵在魏晋时首先统一了我国北方;北魏曾统治我国北方达100余年;辽和西夏长期与北宋对峙;金朝曾灭亡了北宋;蒙古统一后势力曾影响欧亚广大的区域,曾灭亡

南宋入主中原；后金入主中原建立了清朝。

从图1（a）可知，这12个北方少数民族政权的建立有7个对应小时间尺度气候降温期，即匈奴、后汉、后赵、北魏、突厥、辽和后金，有4个对应气候转折期，即匈奴、西夏、金和蒙古。只有前秦，对应气候升温期。因此，这12个北方少数民族政权的建立几乎都对应气候降温期或气候转折期。表2总结了上面的讨论，并给出与少数民族政权建立与之对应的温度距平趋势线上峰值时间和温度距平，以及两者的差。从表2可知，后金的建立与其时温度距平趋势线上的峰值对应的时间差最长达46年，最小的时差为-9年，对应前秦的建立。这说明除了前秦例外，少数民族政权建立可能发生在降温初期，也可能发生在长期的持续降温之后。辽的建立与其时温度距平趋势线上的峰值对应的温度距平差达最大，为-1.19℃，最小为-0.01℃，对应蒙古统一。这表明对少数民族政权建立时中国区域10年平均降温幅度并不很大。

表2 少数民族政权建立相对应温度距平趋势线上峰值的
时间和温度距平，以及两者的差

单位：年，℃

序号	少数民族政权建立	建立		趋势线温度距平峰值		差值[*]		气候变化类型
		时间	温度距平	时间	温度距平	时间	温度距平	
1	匈奴[**]	-209	-0.62	-220	0.26	11	-0.88	降温期
2	后汉	304	-0.11	290	0.27	14	-0.38	降温期

续表

序号	少数民族政权建立	建立 时间	建立 温度距平	趋势线温度距平峰值 时间	趋势线温度距平峰值 温度距平	差值* 时间	差值* 温度距平	气候变化类型
3	后赵	319	-0.28	290	0.27	29	-0.55	降温期
4	前秦	351	-0.13	360	-0.06	-9	-0.07	升温期
5	北魏	386	-0.20	380	0.00	6	-0.2	降温期
6	突厥	552	-0.73	510	0.03	42	-0.76	降温期
7	辽	907	-0.11	870	1.08	37	-1.19	降温期
8	西夏	1038	0.91	1040	0.96	-2	-0.05	转折期
9	金	1115	0.36	1120	0.40	-5	-0.04	转折期
10	蒙古统一	1206	0.00	1210	0.01	-4	-0.01	转折期
11	鞑靼***	1402	0.15	1400	0.17	2	-0.02	转折期
12	后金	1616	-0.75	1570	-0.22	46	-0.53	降温期

* 差值为少数民族政权建立的时间和温度距平分别减去临近峰值点的时间和温度距平。

** 由于没有找到政权建立的确切年，取第一位见于史料记载的单于的时间。

*** 由于没有找到政权建立的确切年，取第一位见于史料记载的可汗的时间。

第四节 小时间尺度气候变化与社会动荡

图1（b）和图1（c）在温度距平曲线上标上了两千余年来我国历史上18次最著名的引起社会大动荡的事件。从

图1（b）和图1（c）可知，所有这18次事件对应气候转折期或小时间尺度降温期。表3给出社会大动荡事件相对应的温度距平趋势线上峰值时间和温度距平，以及两者的差和气候变化类型及是否引起改朝换代。表3显示11次事件对应气候转折期，7次事件对应小时间尺度气候降温期。除了经历33年较长时期气候降温的宋朝的王小波起义是降温幅度为0.84℃，秦朝的陈胜吴广起义降温幅度为0.88℃外，其余大规模社会动荡事件都对应降温持续时间不超过11年，降温幅度不超过0.36℃。因此，小时间尺度降温转折期及其附近时间段是大规模社会动荡事件易发期。这些大规模社会动荡事件对社会具有极大的破坏性，不仅可能引起中央政府的名存实亡，如东汉黄巾起义，还会直接导致改朝换代，如这其中的民众起义导致7次主要朝代的更迭。

表3 社会动乱相对应温度距平趋势线上峰值的
时间和温度距平，以及两者的差

单位：年，℃

序号	社会动乱事件	社会动乱		趋势线温度距平峰值		差值*		气候变化类型	是否引起王朝更迭
		时间	温度距平	时间	温度距平	时间	温度距平		
1	陈胜吴广起义（秦朝）	-209	-0.62	-220	0.26	11	-0.88	降温期	是
2	赤眉绿林起义（西汉）	17	0.48	20	0.70	-3	-0.22	转折期	是

续表

序号	社会动乱事件	社会动乱 时间	社会动乱 温度距平	趋势线温度距平峰值 时间	趋势线温度距平峰值 温度距平	差值* 时间	差值* 温度距平	气候变化类型	是否引起王朝更迭
3	黄巾起义（东汉）	184	0.63	180	0.66	4	-0.03	转折期	否
4	八王之乱（魏晋）	291	0.24	290	0.27	1	-0.03	转折期	否
5	李特起义（魏晋）	301	-0.09	290	0.27	11	-0.36	降温期	否
6	大乘教起义（南北朝）	515	-0.09	510	0.03	5	-0.12	转折期	否
7	隋末农民起义（隋朝）	611	0.37	610	0.37	1	0	转折期	是
8	安史之乱（唐朝）	755	0.09	760	0.34	-5	-0.25	转折期	否
9	黄巢起义（唐朝）	875	1.01	870	1.08	5	-0.07	转折期	否
10	王小波起义（北宋）	993	0.22	960	1.06	33	-0.84	降温期	否
11	方腊宋江起义（北宋）	1119	0.39	1120	0.40	-1	-0.01	转折期	否
12	钟相杨幺起义（南宋）	1130	0.24	1120	0.40	10	-0.16	降温期	否
13	红巾军（元朝）	1351	0.16	1350	0.18	1	-0.02	转折期	是
14	明末农民起义（明朝）	1628	-0.64	1630	-0.62	-2	-0.02	转折期	是
15	白莲教起义（清朝）	1796	-0.01	1790	0.13	6	-0.14	降温期	否
16	太平天国（清朝）	1851	-0.08	1840	0.01	11	-0.09	降温期	否

续表

序号	社会动乱事件	社会动乱 时间	社会动乱 温度距平	趋势线温度距平峰值 时间	趋势线温度距平峰值 温度距平	差值* 时间	差值* 温度距平	气候变化类型	是否引起王朝更迭
17	武昌起义（清朝）	1911	-0.04	1900	0.20	11	-0.24	降温期	是
18	解放战争（中华民国）	1946	1.14	1946	1.14	0	0	转折期	是

* 差值为社会动乱的时间和温度距平分别减去临近峰值点的时间和温度距平。

第五节 小时间尺度气候变化与社会繁荣

图1（b）上部标出两千余年来我国历史上最著名的6个繁荣期，包括东汉"光武中兴"、隋朝"开皇之治"、唐朝"贞观之治"、唐朝"开元盛世"、清朝"康乾盛世"和中华人民共和国时期，其中深色和浅色分别表示升温期和降温期。表4给出这6个繁荣期的始、终和持续时间及对应的气候变化类型。从图2和表4可知，东汉"光武中兴"和唐朝"贞观之治"对应小时间尺度气候降温期持续时间分别为33年和23年，共计持续时间56年；隋朝"开皇之治"、唐朝"开元盛世"、清朝"康乾盛世"对应小时间尺度气候增温期持续时间分别为24年、29年、116年，中华人民共和国对应小时间尺度气候增温期持续时间已有

60多年，共计持续时间超过229年。可见繁荣期出现在小时间尺度升温期的次数和持续时间分别是小时间尺度降温期的2.0倍和超过4.1倍。因此，与气候降温相对照的气候持续升温期，社会相对繁荣和稳定。

表4　公元元年以来我国历史上6个最著名的繁荣时段及对应气候变化类型

单位：年

序号	繁荣时段	持续时间	气候变化类型
1	光武中兴（25~57）	33	降温期
2	开皇之治（581~604）	24	升温期
3	贞观之治（627~649）	23	降温期
4	开元盛世（713~741）	29	升温期
5	康乾盛世（1681~1796）	116	升温期
6	中华人民共和国（1949~）	>60	升温期

第四章　气候变化影响中国社会发展机理初步探讨

综上可见，两千余年来中国气候变化深刻影响了中国社会发展和历史进程。然而我们也观察到不是所有的气候降温期和降温期的社会动荡都会引发改朝换代，气候降温期也曾有唐初"贞观之治"和东汉初期"光武中兴"等社会繁荣。气候持续升温期也不总对应社会繁荣，如东汉后期、唐朝后期和五代十国的政局不稳和社会的衰败。因此，气候变化不是制约中国社会发展和历史进程的唯一因子。故气候变化影响中国社会发展的机理需要深入研究。下面对此作一些初步的探讨。

第一节　气候变化与经济和生存环境

一　气候变化与气象灾害

我国是气象灾害频发的国家，对我国气象灾害描述可追溯至遥远的唐尧及夏商时代。造成气象灾害发生的原因是多方面的，但归纳起来，主要有自然因素、人类活动及社会经济因素两大类。就自然因素也言，最为根本的是大气环流和天气过程的异常，其包含的主要影响因素为东亚季风、青藏高原、厄尔尼诺和南方涛动（ENSO）事件及环流系统异常。人类活动和社会经济因素主要包含人口的增长和人类土地利用引起环境变化、人类活动影响全球变暖和热岛效应等。

我国的气象灾害可分为暴雨洪涝、干旱、热带气旋、低温冷冻、风灾、冰雹和雪灾等。分析我国历史气象灾害资料可知，对社会有巨大破坏作用的灾害主要是干旱、低温冷冻、暴雨洪涝和雪灾。由于近年来全球气候持续变暖，气候变暖已引起广泛的注意，气候变暖可能造成的气象灾害已得到广泛深入的讨论。然而，无论从理论分析、数值模拟还是气候观测都不能明确证实目前观测的短时期的气候变暖主要来源于人类活动的影响。目前所观测的气候变暖的地表气温还远低于距今 7000～5000 年的地表气温[1]，因此，气候变化还处于自然波动范围内。下面利用历史资料初步分析气候变化和可能引发的气象灾害。

由于雪灾和低温冰冻往往与气候降温期相联系，因此

---

[1] 程明道等：《仰韶文化期中原及周边地区农业和文化大发展的研究》，2010。

图3只给出明朝温度变化曲线①和引起大规模干旱与暴雨洪涝的事件②。从图3可知,明朝的四次大范围的干旱有两次持续时间发生在降温期,一次发生在升温期,一次发生在底部的转折期。三次暴雨洪灾事件发生在转折期一次;两次在降温期,表5对此进行总结。因此相对于升温期,降温期或转折期,更容易发生大规模的气象灾害。

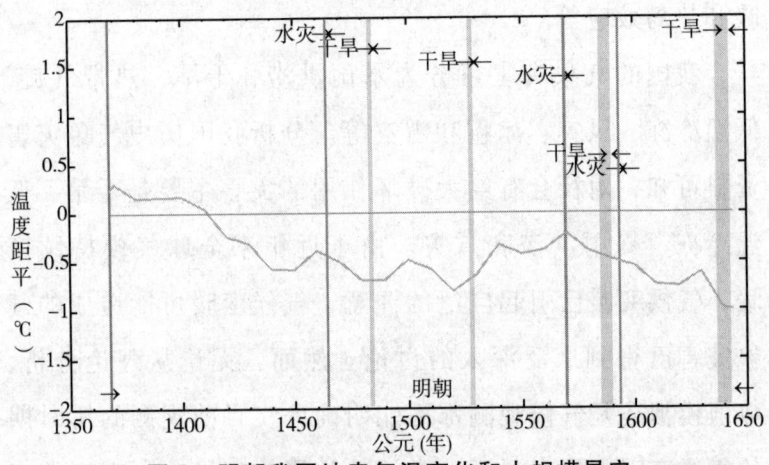

图3 明朝我国地表气温变化和大规模旱灾与水灾事件

---

① Yang Bao, Braeuning A, Johnson K R, et al., "General characteristics of temperature variation in China during the last two millennia," *Geoph Res Lett* 29 (2002): 381 – 384.
② 丁一汇:《中国气象灾害大典》,北京,气象出版社,2008,第948页。中央气象局气象科学研究院:《中国近500年旱涝分布图集》,北京,地图出版社,1981,第332页。

表5 明朝的水灾、旱灾时段及对应的气候变化类型

单位：年

灾害	时段	持续时间	气候变化类型
旱灾	1483~1485	3	降温期
	1527~1529	3	升温期
	1585~1590	6	降温期
	1637~1643	7	降温期
水灾	1464	1	降温期
	1569	1	转折期
	1593	1	降温期

二 气候变化与经济和生存环境

在历史上，气候变化对经济和生存环境的影响主要表现于以下两个方面。

1. 气候变化本身对经济和生存环境的影响

2009~2010年的降温事件已造成了我国东北地区的粮食明显地减产，北部地区畜牧业的巨大损失。这发生在科学技术如此高，通信和交通手段如此便利，天气和气候预报如此先进，社会应对自然灾害能力相当高的今天。在科学技术相对落后以农业为主的中国历史上，人们应对气候变化的能力相对低下。人们根据过去的经验，种植农作物和发展畜牧业，因气候变冷农作物减产直至颗粒无收，再加上动物的大量死亡，导致经济巨大的损失。经数年数十年的持续降温，可适宜的农业和畜牧业的品种不断减少、面积不断缩小。如

政府和社会不能采取有效的措施应对这种变化,将造成社会经济总量不断缩小,农业和畜牧业受灾面积不断增大,灾害影响的人口不断增加,灾区生活环境恶化。其结果可能是历史上被称作流民的人不断大量出现,例如,由于明朝大部分时间处于气候降温期,故流民问题一直困扰明朝政府。

与气候变冷相对照的是气温变暖,农业、畜牧业的品种和面积增加。历史上在温暖的年份,农业一年可种植两季,单位面积产量获得很大的提高。经数年数十年的持续升温,可适宜的农业种植和畜牧业的品种不断增多,农业种植面积不断增加,农业单位面积产量也可能有很大的提高。如政府不因极其腐败引起社会混乱,社会经济总量就可能不断增长,人民的生活环境就会相对良好。

2. 伴随气候变化的气象灾害对经济和环境的影响

我国是气象灾害频发的国家,历史记载及其研究表明,无论是气候升温期或降温期都可能发生气象灾害。从前面的讨论可知,与降温期相比较,升温期气象灾害发生的频次较低,规模也较小。尽管如此,在应对气象灾害能力较强的当代,近数十年来的升温期间气象灾害也对我国经济发展带来严重影响。如20世纪90年代,每年气象灾害造成的经济损失超过1000亿元人民币,占国内生产总值的3%～6%,造成粮食减产100亿～200亿千克,人员伤亡数千人。气象灾害不仅造成严重损失,而且由气象灾害引发的其他灾害，如山洪灾害、地质灾害、海洋灾害、生物灾害、森林草原火灾等，都对国家经济建设构成了极大的威胁。

对应气候降温期，往往更可能伴随严重的大规模气象灾害。如前面讨论的明朝崇祯十年至崇祯十六年（1637~1643年）连年干旱，这是近五百年持续时间最长、受灾范围最广的旱灾个例，其旱灾核心地带是陕西、山西、河南，但最盛时延至山东、河北、内蒙古、江苏、浙江、湖北、贵州、四川、甘肃，几乎大半个中国皆陷于苦旱：累岁其荒，村社十室九空，以至赤地千里，饿殍枕藉[①]。

因此，无论是气候升温期还是降温期伴随的气象灾害都对经济和生存环境产生了极其负面的影响，降温期可能更为严重。

第二节　传统政治文化和制度及社会形态

一　改朝换代的政治文化

1.《周易》与天人感应

至少在龙山文化时期，使用兽骨来卜测吉凶的现象已经出现，后来这一现象逐渐发展成为一种卜筮文化。人们利用

---

① 丁一汇：《中国气象灾害大典》，北京，气象出版社，2008，第948页。

占卜来预测吉凶,并用以决定国家大事,《易经》可以说是这类活动的一种记录。经周文王和孔子等先哲们不断发展,《易经》演变为《周易》,成为一部蕴涵着深邃哲学和社会政治思想理论的文化典籍。然而,"自古圣王将建国受命,兴动事业,何尝不宝卜筮以助善……王者决定诸疑,参以卜筮,断以蓍龟,不易之道也"(《史记·龟策列传》)。作为传统礼制的组成部分,《周易》始终发挥着占筮吉凶、预测未来的功能,并深刻影响中国传统政治文化。如公元前178年汉文帝刘恒(西汉)下诏:"朕闻之,天生民,为之置君以养治。人主不德,布政不均,则天视之灾以戒不治。"[①] 汉文帝刘恒这一诏书被董仲舒(西汉)发扬光大为"天人感应"。

2. 五德终始

邹衍(战国)看到"有国者益淫侈,不能尚德"(《史记·孟子荀卿列传》),出于尚德的需要,根据《尚书·洪范》土、木、金、火、水五行之间的循环相克关系,创立了五德终始理论来解释历史发展和朝代更替。希望国君闻其"怪迂之变"而感到恐惧,从而谨身修德,"整之于身,施及黎庶",同时也为齐宣王、齐湣王登天子位制造理论根据。五德指土、木、金、火、水五种德运,它们之间存在木克土、金克木、火克金、水克火、土克水的关系。历

---

① 费正清:《中国的思想与制度》,北京,世界知识出版社,2008,第489页。

史发展正是按照这种顺序循环往复，每一朝代都有五德中的一种与之相配合，由此种德运决定这个朝代的命运。黄帝属土，崇尚黄色。禹属木，崇尚青色。商属金，崇尚白色。周属火，崇尚赤色。新的朝代将要兴起之时，上天必然会出现某种符瑞作为征兆。按照五行相胜的原理，邹衍推测代火者必为水德，而且会出现水气胜的征兆。水气胜，故崇尚黑色。但是如果不做好准备，就会失去承运的机会，而转为土德。这样五行之间的相胜关系就形成了一个封闭的循环过程，由此造成了王朝的更替和历史的周期性变化。五德终始说作为一种改朝换代的理论工具，受到历代新王朝建立者的推崇。秦始皇统一六国后，根据邹衍"水德代周而行"的论断，以秦文公出猎获黑龙作为水德兴起的符瑞，进行了一系列符合水德要求的改革，以证明其政权的合法性，秦始皇遂成为五德终始说的第一个实践者。

3. 禅让与王朝革命

尧舜禅让，孔子曾称赞，"巍巍乎，舜禹之有天下而不与焉"（《论语·泰伯》）。事实上，在战国早期，禅让说风行一时，墨、儒、法、纵横等家都大讲禅让，出现了"禅让尚贤"说（墨家）、"禅让贤德"说（儒家）、"禅让辞让"说（纵横家）等不同观点。禅让思想成为政治文化的理想，与之相对应，政治领域也出现了禅让的种种尝试。据《战国策·秦策一》，秦孝公"疾且不起，欲传商君，辞不受"，应是禅让的较早实践。除秦孝公外，魏惠王也欲传国于惠施，魏将公孙衍曾鼓动史举游说魏襄王禅位于魏相张仪。然而真正将其付诸实践的是燕王哙禅让相子之。燕王哙让国是想通过禅让选择一位贤明之君，使燕国在当时激烈的诸侯竞争中立于不败之地。但燕王哙因禅让而身死国亡，这一禅让实践的失败使禅让思潮逐渐走向低潮[1]。甚至儒家学者也暂时放弃了"大同"理想。然而，在中国历史中，禅让思潮和实践时有出现。

虽然儒家强调"君君、臣臣、父父、子子"（《论语·颜渊》）和忠君爱国思想，但汤武革命也是儒家的基本思想，如孔子说道"郁郁乎文哉！吾从周"（《论语·八佾》）。经历了燕国让国事件，在孟子看来，"授贤"和"传子"并非绝对的，而是随客观形势的变化而变化。当初舜让国于禹，舜死，天下之民皆从禹，所以就禅让；后来禹让国于益，但禹死，天下之民从禹之子启，而不从益，所以就传子。可见，禅让与传子只是外在形式，并不重要。而真正重要的是行王道、仁政，得天下之民的拥护，所以说"唐虞禅，夏后、殷、周继，其义一也"（《孟子·万章上》）。如统治者得不到人民的拥护，据"天视自

---

[1] 范文澜、蔡美彪：《中国通史》，北京，人民出版社，2009；白寿彝：《中国通史》，上海，上海人民出版社，2007；于海娣、黎娜：《中国通史》，哈尔滨，黑龙江科学技术出版社，2007，第749页。

我民视,天听自我民听",就要王朝革命,则有"继世而有天下,天之所废,必若桀纣者也"(《孟子·万章上》)。暴力革命是正义行为,如:"贼仁者谓之贼,贼义者谓之残,残贼之人谓之一夫。闻诛一夫纣矣,未闻弑君也。"(《孟子·梁惠王下》)

上面介绍和总结的是我国传统文化中有关改朝换代的天人感应、五德终始和禅让及王朝革命三种政治文化理念。这三种政治文化理念,都要求领导集团只有做好父母官的本职工作,才能获得黎民百姓的认可和拥护,才能获得继续执政的资格,才能保有他们及他们子孙的荣华富贵。历史上这些理念对我国领导集团是一个巨大的约束,保证了远古中华文明一直能传承到今天和我国在历史上的相对强大和繁荣。如果领导集团不能做好父母官的本职工作,使民众生活在水深火热之中,这些政治理念就会鼓励禅让和民众革命。

二 传统政治制度和社会状态

笔者从中国传统的以人为本、天地人合一和谐社会的核心理念出发,探讨了从黄帝时代到当下中国政治制度的演变和发展,揭示从远古时就存在互为因果的中央政府和以人为本、天地人合一的和谐社会理念[①]。政治、经济和社会等制

---

① 程明道:《中国政治制度演变和发展探讨》,2010。

度以及宗教、文化和艺术等,都是以中央政府为框架,根据人们当时的认知和生产力水平等,为构建和发展以人为本和谐社会而制定和发展的。图4给出了该理论的示意图。

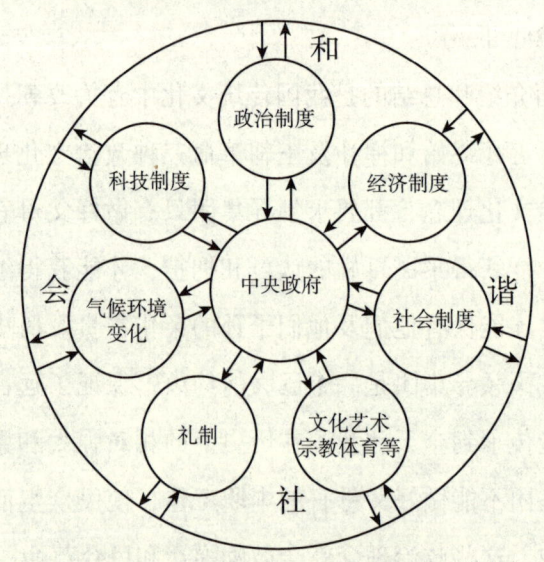

图4 中央政府、政治等制度与和谐社会的关系示意图

资料来源:程明道《中国政治制度演变和发展探讨》,2010。

和而不同的和谐社会要求领导集团具有凝聚全社会的能力和具有驾驭复杂局势的能力。为此,传统社会主流意识主张"民为贵,社稷次之,君为轻"(《孟子·尽心下》),"天视自我民视,天听自我民听"(《尚书·泰誓中》),"天人感应",领导集团要"天下为公",实现天下为家、以人为本的和谐社会。然而，由于认知水平和社会生产力等方面的制约，传统政治制度是建立在以世袭天子利益集团为根本利益，以天子为核心的宗法或军功利益集团为社会凝聚力基础上的政治制度。因此，我国古代社会的发展主要取决于刚性的天子为核心的领导集团发展观和领导能力及宗法和军功利益集团的价值取向，同时受柔性的传统主流社会意识的约束。

当有雄才大略的皇帝领导集团出现时（吏治清廉），该集团能从和而不同的和谐社会要求领导集团具有凝聚全社会的能力和具有驾驭复杂局势的能力、王朝长治久安的角度出发，意识到"君好比舟，民好比水，水能载舟，亦能覆舟"（魏徵，唐）；能充分考虑社会各集团和各阶层尤其占人口绝大多数的中下层的民众利益和呼声，真正做到"天视自我民视，天听自为民听"；能以"大公无私"的精神做人民的父母官，制定一些具体法律、政策和措施，协调好各利益集团和阶层的关系，为黎民百姓办实事，使社会有等级的共同富裕。这样的领导集团就会有很强的凝聚力、号召力和战斗力，就能带领全社会战胜各种自然灾害和国内外敌对势力的叛乱和入侵，利用一切有利因素建设和谐的社会，社会因此繁荣昌盛。

然而，由于皇权政治制度本身的局限性，如皇帝世袭制产生的"养在深宫长在妇人之手"的皇帝，使雄才大略的皇帝较少，平庸乃至荒淫、误国、残暴和傀儡皇帝占大部分①。因此,领导集团也可能私欲膨胀(吏治腐败)。一方面统治集团内部可能争权夺利,引起社会动荡。另一方面,可能利用各种合法和不合法的手段,搜刮民脂民膏,中饱私囊,造成社会贫富悬殊,两极分化。即使在社会繁荣期,广大中下层人民也只能在贫困中挣扎。"朱门酒肉臭,路有冻死骨"(杜甫,《自京赴奉先县咏怀五百字》),"苛政猛于虎"(《礼记·檀弓下》)可能就是当时社会的写照。社会凝聚力减弱乃至丧失殆尽,政权只能靠貌似强大的国家机器来维持。而貌似强大的国家机器事实上其时已极其脆弱,因来自饱受苦难的中下层人民的军队士兵和下层执法人员构成这架机器的基础,一旦遇到天灾人祸或外族入侵,社会就会动荡。如领导集团不能及时采取有效的措施处理和协调好各集团和阶层利益的关系,重新焕发其曾有的凝聚力和号召力,社会动荡就会加剧,直至改朝换代的发生。

第三节 气候变化引发社会大动荡和朝代更迭机理

从上面讨论可知,当有雄才大略的能考虑王朝长治久

---

① 白钢:《中国皇帝》,北京,社会科学文献出版社,2008,第563页,张创新:《中国政治制度史》,北京,清华大学出版社,2005,第614页。

安的君王领导的领导集团，就会实现天下为家、以人为本的和谐社会。然而，由于皇权政治制度本身的局限性，领导集团也可能私欲膨胀。一方面统治集团内部可能争权夺利，引起社会动荡。另一方面，可能利用各种合法和不合法的手段，搜刮民脂民膏，中饱私囊，造成社会贫富悬殊，两极分化。即使在社会繁荣期，广大中下层人民也只能在贫困中挣扎。社会矛盾加剧，社会凝聚力减弱乃至丧失殆尽，政权只能靠貌似强大的国家机器来维持。而貌似强大的国家机器事实上其时已极其脆弱，因来自饱受苦难的中下层人民的军队士兵和下层执法人员构成这架机器的基础。

而此时，若遇气候持续变冷。在科学技术相对落后、以农业为主的中国古代社会，人们应对气候变化的能力相对低下。人们根据过去的经验，种植农作物和发展畜牧业，因气候变冷，农作物减产直至颗粒无收，畜牧业牲畜大量死亡，造成经济巨大的损失。经数年数十年的持续降温，可适宜的农业和畜牧业的品种与面积不断减少。如政府和社会不能采取及时有效的应对措施，就造成社会经济总量不断缩小，农业和畜牧业受灾面积不断增大，灾害影响的人口不断增加，灾区生活环境恶化。再加上气候降温期，可能伴随严重的大规模干旱等自然灾害。为了生存，人们不得不离乡背井，成为流民，生活在水深火热之中。

如果领导集团还不进行改革,采取有效的措施救人民于水深火热之中,处理和协调好各集团和阶层利益的关系,做好父母官的本职工作,重新焕发其曾有的凝聚力和号召力,深植于人们心中的天人感应、五德终始和禅让及王朝革命等理念,就会引发有社会凝聚力的利益集团利用禅让手段获得政权或民众起来革命,社会动荡就会加剧,直至王朝更迭的发生。图 5 给出气候变化引发社会大动荡和朝代更迭理论模型的示意图。事实上,前面讨论的社会大动荡产生、少数民族政权建立和主要王朝的更迭都符合这一理论。

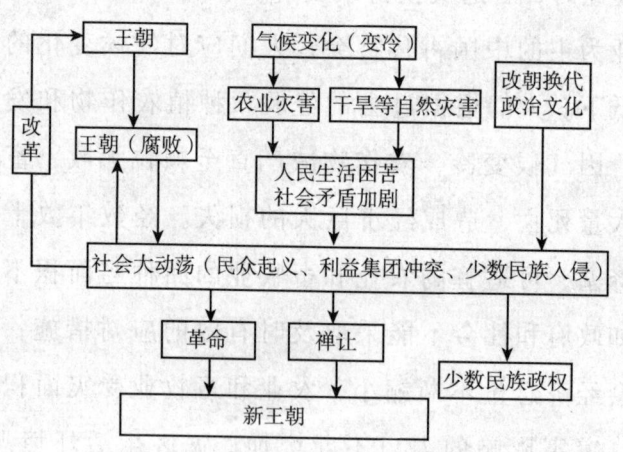

图 5　气候变化(变冷)引起社会大动荡和王朝更迭及少数民族政权建立模型

第四节 气候变化与社会繁荣稳定机理

根据笔者关于中国政治制度演变和发展理论，当有雄才大略的皇帝领导集团产生时，该集团能从王朝长治久安的角度出发，充分考虑社会各集团和各阶层尤其是占人口绝大多数的中下层的民众利益和呼声，能以"大公无私"的精神做人民的父母官，制定一些具体法律、政策和措施，协调好各利益集团和阶层的关系，为黎民百姓办实事，使社会有等级地共同富裕。这样的领导集团就会有很强的凝聚力、号召力和战斗力。因此，领导集团就能带领全社会应对气候变化，利用一切有利因素建设和谐的社会。

根据这一理论，无论气候如何变化，只要皇帝贤明，吏治清廉，社会都会繁荣稳定，这一结论和我们观察的事实是一致的。如我们前面分析的东汉"光武中兴"、隋朝"开皇之治"、唐朝"贞观之治"、唐朝"开元盛世"、清朝"康乾盛世"和中华人民共和国时期6个社会繁荣期，都是两千余年来吏治清廉、社会和谐的典范。

同时，我们也注意到两千余年来的6个社会繁荣期，东汉"光武中兴"和唐朝"贞观之治"对应气候降温期，而其余4个繁荣期对应气候升温期。由前面的研究可知，繁荣期出现在小时间尺度升温期的次数和持续时间分别是小时间尺度降温期的2.0倍和超过4.1倍。这说明虽然只要吏治清廉社会就会繁荣稳定，但气候变化本身对社会繁荣期还是有不容忽视的影响。这是因为在持续降温引发农业、畜牧业灾害及可能伴随的大规模干旱等自然灾害，而在持续气候升温期，物产逐年丰富。建设和谐繁荣的社会在降温期显然要比增温期困难。这解释了繁荣期出现在小时间尺度升温期的次数和持续时间要比在小时间尺度降温期多的原因。

根据笔者关于中国政治制度演变和发展理论可知，由于皇权政治制度本身的局限性，领导集团也可能私欲膨胀，造成社会贫富悬殊，两极分化。社会凝聚力减弱乃至丧失殆尽，政权只能靠貌似强大的国家机器来维持。气候降温期已被详细讨论，结论是此时期社会容易引发社会动荡甚至导致朝代更迭。在气候升温期，一般来说总的物产在增长，社会应呈现繁荣景象。但由于社会凝聚力丧失殆尽，社会虽然可能繁荣但却不稳定。如东汉后期全国地表距平从公元100年的-0.41℃增长至公元180年的0.66℃，社会财富增加。然而，此时外戚和宦官两大集团的争权夺利，使朝政混乱，再加上土地兼并严重，社会虽还呈现繁荣景象，但贫富悬殊，社会凝聚力已丧失殆尽，最终酿成气候降温期来临时黄巾起义和东汉王朝的覆灭。

当吏治处于清廉和腐败之间时，气候变化和社会繁荣的关系相对复杂一些，该期间的气候变化与社会繁荣有某种程度的关联。但一般来说，气候升温期，社会繁荣；气候降温期，经济相对贫乏，社会相对萧条。例如，由于明朝大部分时间处于气候降温期，流民问题一直困扰明朝政府。图6给出了气候和社会繁荣关系理论模型示意图。

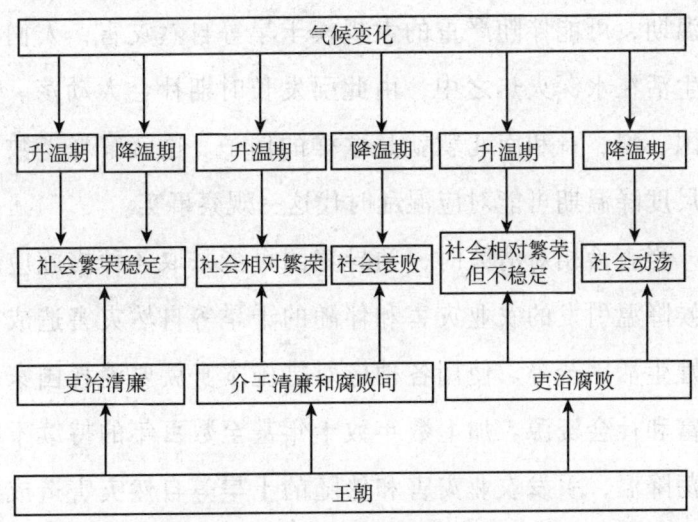

图6　气候变化与王朝繁荣期的关系示意图

第五节　气候变化与朝代强盛关系机理

在科学技术相对落后的农业和畜牧业时期，人们根据过去的经验种植农作物、发展畜牧业，因气候变冷，农作物减产直至颗粒无收和动物的大量死亡，造成经济巨大的损失。经数年、数十年乃至数百年的持续不断震荡降温，可适宜的农业与畜牧业的品种和面积不断缩减。如领导集团和社会不能采取有效的措施应对这种变化，就造成社会经济总量不断缩小，农业和畜牧业受灾面积不断增大，灾害影响的人口不断增加，灾区生活环境恶化。再加上气候降温期，可能伴随严重的大规模干旱等自然灾害，人们可能生活在水深火热之中，由此引发长时期社会大动荡。如战国、魏、晋和南北朝就是这样的例子。这就解释了数百年尺度降温期可能对应混乱时代这一观察事实。

当吏治相对清廉时，领导集团可能采取各种措施应对气候降温引发的农业灾害和伴随的干旱等自然灾害造成的百姓生活困苦等。使用各种应对措施本身就要消耗国家的财富和社会资源。加上数年数十年甚至数百年的持续不断震荡降温，引发农业灾害和伴随的干旱等自然灾害造成社会经济总量不断缩小。国家财政支出的不断增加和社会财富不断减少，两者共同造成了王朝的相对贫弱。北宋、南宋、元朝和明朝就是这样的例子。这就解释了数百年尺度降温期可能对应相对贫弱王朝这一观察事实。

与气候变冷相对照的是气温升高，农业与畜牧业的品种和面积增加。历史上在温暖的年份，农业一年可种植两季，单位面积产量获得很大的提高。经数年、数十年乃至数百年的持续震荡升温，适宜的农业种植与畜牧业的品种和面积不断增加，农业单位面积产量也可能有很大的提高。如政府不极其腐败而引起社会混乱，社会经济总量就可能不断增长，人民的生活环境就会相对良好，因此社会繁荣，国家强大而稳定。

当领导集团极其腐败时，随着长期升温过程中出现的短期震荡降温期的社会动乱，要么该王朝进行改革重新获得民众的拥护，要么有社会凝聚力的新王朝取代腐朽旧王朝。之后，随着气温再次震荡上行，社会经济总量再次不断增长。因此社会再次繁荣，国家趋于强大和稳定，例如两汉、隋唐、清朝和中华人民共和国。这就解释了数百年尺度升温期对应强大王朝（或政权）这一观察事实。

第五章 应对气候变化建设
和谐社会的思考

由上面的研究表明，两千余年来中国气候变化深刻影响了中国的社会发展和历史进程。一方面，气候变化可能引起朝代更迭、北方少数民族政权的建立、有破坏力的外族入侵和大规模社会动荡的民众起义。另一方面，气候变化可推动社会繁荣。因此如何应对气候变化，避免社会动荡，促进社会繁荣，建设和谐社会，应是所有有社会责任心的有识之士思考的问题。下面分两个层面给出一些对这一问题的思考。第一层面是根据本文的研究成果，在应对气候变化上政府应采取的一些措施。第二层面包含当今政治制度、社会制度、经济制度和文化发展等需要深入讨论的问题。

第一节 应对气候变化政府应
采取的一些举措

一 深入探讨气候变化对中国社会发展的影响

本研究中的中国区域气候变化对中国社会发展影响研

究结果及其机理的分析只是初步的。这些初步研究成果揭示气候变化对中国社会发展的影响只是粗线条的，其初步分析的机理可能不够完善。尽管如此，中国气候变化对中国社会发展和历史进程影响却是明确的。因此对其深入研究，揭示气候变化对中国社会发展和历史进程等全方位的影响，对当下应对气候变化、建设和谐社会有重要的启迪作用。而研究中国区域气候变化对中国社会发展和历史进程影响涉及气候变化、气象灾害、农业和畜牧业、地理、历史、政治、社会、经济和文化等多学科。因此，需要组织这些学科的专家形成强干的研究团队进行共同研究。

二 应对气候变化需同时考虑应对气候变冷和变暖

温室气体可能引起气候增温和气候变暖效应已受到人们的广泛关注，应对温室气体引发的气候变暖可能已成为一部分人的共识，甚至已成为政府行动纲领和国际政治及国家利益斗争的工具。然而，无论从理论分析、数值模拟还是气候观测都不能明确证实目前观测的短时期的气候变暖主要来源于人类活动的影响。目前所观测的气候变暖的地表气温还远低于距今 7000～5000 年的地表气温，一个我国历史上极其繁荣的时代[①]，因此至少到目前为止的气候

[①] 程明道等：《仰韶文化期中原及周边地区农业和文化大发展的研究》，2010。

变暖还处于气候自然波动范围内,温室气体是否真的引起气候变暖,以及如何应对气候变暖仍然需要深入的研究。采取积极措施,应对可能的气候变暖引发的气象灾害及其次生灾害是造福于社会、造福于人民的明智选择。然而,在目前对温室气体引起的气候变暖的认知水平条件下,任何过激的应对温室气体引起气温变暖效应的国家行动纲领都可能是不明智的。

2007~2008 年的雨雪冰冻天气和 2009~2010 年极其寒冷的冬天是否预示气候降温期就要来了呢?显然,根据目前对气候变化的认知还不能回答这个问题。人们也许要问一个更严重的问题:"这轮从 1650 年起气温震荡上行到目前已达 360 年,是否已到或将要到尽头?"同样,我们也不能回答这个问题。然而,基于前两轮大尺度气候升温期所用的时间分别是 390 年(公元前 170 年~公元 220 年)和 290 年(公元 550~840 年)的事实,以及目前的气温已处于 2000 年来的历史高位,故我们只好悄悄说:"也许吧。"

不管怎么说,有升就有降,这是自然规律。有气候变暖,就有气候变冷,这也是历史事实。我们的研究表明,气候降温引起农业灾害及可能伴随大规模的气象灾害,可能引发国家和社会问题。如历史上大规模民众暴动、少数民族独立、国家长期分裂和王朝更迭。因此,研究如何应对不同时间尺度气候变冷和制定应对气候变冷预案将是政府和社会极其重要的责任。

三 中国通史及其他专题史应体现气候变化对历史进程的影响

研究表明，两千余年来中国气候变化深刻影响了中国的社会发展和历史进程。然而基于过去认知的缘故，中国通史及其他专题史对此却没有系统的描述，最多只不过描述气候异常引发的自然灾害事件对历史事件的影响。因此，补充气候变化对历史事件和历史进程的影响，才能真正体现历史的本来面目，才能使中国通史及其他专题史变得完整。

四 加强气候变化教育遏制社会腐败

应加强宣传和教育，让人们知道，人为的吏治腐败和社会贫富悬殊及自然的气候变冷共同造成社会大动荡和朝代更迭这些残酷的历史事实，尤其要对官员和富有阶层进行宣传和教育。要让这些残酷的历史事实震慑整个社会，向腐败官员和为富不仁之徒敲响警钟，遏制社会腐败。

人体的恶性肿瘤，可以在人体内快速发展直至杀死人体。不幸的是，人体死亡之日就是恶性肿瘤灭亡之时。难道官员腐败和为富不仁这些社会的恶性肿瘤，在杀死它的母体社会后，还会独善其身吗？只能是"尔曹身与名俱灭"。中国，一个有几千年民本传统和崇尚均富的和谐社会理念的大一统国家，是不可能像某些人和利益集团期待的那样，成为资本主义国家的（见后面的讨论）。

第二节 应对气候变化对政治、经济等制度和文化发展的要求

前面的分析表明，气候变化通过直接冲击社会经济和黎民百姓的生活环境，同政治及社会状态和政治文化一起影响和制约了中国数千年来的社会发展和历史进程。在领导集团腐败和贫富悬殊造成社会割裂极其严重时，降温趋势可能是造成朝代更迭、北方少数民族政权的建立、有破坏力的外族入侵和大规模社会动荡的民众起义的决定性因素。

这一研究结果向人们敲响了警钟，当今的政治、经济和社会等制度及文化等因素能应对可能的气候变冷的挑战吗？我国的政治、经济和社会等制度及文化等因素需要发展以应对气候变化吗？如何能保证我国的领导集团不腐败以免在气候变冷过程中可能引发的社会大动荡呢？下面对此进行一些讨论。

一 应对气候变化对政治制度的要求

根据笔者关于中国政治制度演变和发展理论,分析当下的政治制度有下面三个主要特点。

(1) 中国共产党为社会凝聚力核心

中国的先进分子根据当时国内的政治经济发展情况,从前苏联和西方引进政党制度并加以改造,创建和发展了中国共产党。中国共产党已从当初工人阶级的先锋队发展到以工农联盟为基础的政党直到当下代表全中国人民的根本利益的政党。中国共产党取代了传统政治制度中以皇帝为核心的宗法和军功利益集团。中国共产党成为领导和凝聚全中国人民的核心力量。

(2) 领导人选拔制、任期制和退休制

通过协商和科学民主等多渠道推荐和选拔领导人,保证了领导人的政治素质(德)和领导及协调能力(才)。领导人尤其是党和国家最高领导人选拔制、任期制和退休制根本避免了传统政治制度中皇帝世袭制产生的"养在深宫,长在妇人之手"的平庸、荒淫、误国、残暴和傀儡的皇帝所造成国家和社会巨大的损失乃至巨大的灾难这在中国历史中,"禅让"这一政治文化的理想才真正被实现。

(3) 政治协商制度与人民代表大会制度

中国共产党领导的由民主党和无党派参与的政治协商

制度和人民代表大会制度两项制度丰富和发展了中国共产党领导和凝聚全国人民的制度。

当下的政治制度体系彻底避免了传统政治制度中最高领导人世袭制而产生的统治者的平庸、荒淫、误国、残暴和傀儡。取而代之的是领导人科学选拔制、任期制和退休制，满足了以中央政府为框架建设和谐社会对最高领导人和领导集体才德的要求。代表全中国人民根本利益的中国共产党取代了宗法和军功利益集团，极大地提高了社会凝聚力。因此，当下的政治制度具有先进性。当下的政治制度体系已充分显示出其强大的凝聚力、生命力和创造力。中华民族已取得举世瞩目的成就，已浴火重生。

当下的政治制度体系能否应对气候变化的挑战取决于该制度能否克服一直困扰传统政治制度的吏治腐败。历史上，吏治腐败导致社会成员的两极分化和社会凝聚力的消失，从而在气候降温时引发社会大动荡和朝代更迭。治理吏治腐败一直是历朝历代雄才大略的君王和社会精英努力探索的目标，秦始皇采用严刑，汉武帝采用严打，朱元璋采用诛杀。这些极端的措施虽能对避免吏治腐败起一时之效果，但也产生了一定的负面效应，如朱元璋诛杀大臣使得朝廷无良将而导致"靖难之变"。

当今的政治制度体系是集古今中外政治理念精华，彻底改造传统政治制度而来，理应对吏治腐败有更强的免疫力。然而当今政治制度毕竟是从传统政治制度演化而来，实践结果表明吏治腐败问题并不乐观，中国共产党十七届四中全会对此有专门的讨论和应对措施。如何避免"官官相护"和"有钱能使鬼推磨"，应加强正面教育，如前面提到的加强气候变化教育遏制社会腐败和真正做到依法治国可能是避免吏治腐败的根本。同时，法律和政策要能真正体现毛泽东同志要求的"全心全意为人民服务"（1945），邓小平同志希望的"全社会共同富裕"（1987），江泽民同志的"总是代表着中国先进生产力的发展要求，代表着中国先进文化的前进方向，代表着中国最广大人民的根本利益"（2000），胡锦涛同志提出和倡导的"科学发展观"（2003）和"以人为本"、"和谐社会"（2004）理念。

二 应对气候变化对社会制度的要求

从远古时就存在互为因果的中央政府和以人为本、天地人合一的和谐社会理念。我国政治、经济和社会等制度以及法律、宗教、文化和艺术等，都是以中央政府为框架，根据人们当时的认知和生产力水平等，为构建和发展以人为本、和谐社会而制定和发展的。由此，笔者提出了中国政治制度的演变和发展理论，并正在撰写和准备撰写社会和经济制度及文化艺术发展的论著。下面从应对气候变化的角度，总结一些主要观点。

1. 资本主义制度

资本主义制度不符合我国国情。首先资本主义制度是从欧洲的封建社会脱胎而来，而在中国类似欧洲的封建社会形态，可能要到黄帝以前的时代中去寻找。按目前主流学术的观点，社会形态传承对接不上。其次，资本主义制度造成贫富不均、社会两极分化和割裂，容易引发社会大动荡。这是中国没有走上资本主义道路的根本原因。中华民国进行资本主义制度的实践，但以失败告终。

资本主义制度从其诞生起，就伴随着两大矛盾：一是社会化大生产和生产资料私有制的矛盾，二是占人口极小部分的富有者占有社会的绝大部分财富。伴随这两大矛盾的是不断的经济危机和民众（工人）运动。面对着兴盛的社会主义苏联的挑战和资本主义社会矛盾和经济危机的加深，尤其是1929年资本主义世界的经济大萧条及社会动荡加剧和与之对照的苏联的大发展事实，资产阶级精英中的有识之士对苏联成功经验进行了深层次的分析。苏联成功的原因主要有生产资料国有或集体所有、政府计划经济和社会公平福利。

借鉴苏联成功的三大因素，资产阶级精英中的有识之士对资本主义制度进行了三大改革：政府干预市场、建立国有企业和企业社会化（企业上市）、增加社会福利。这些改革，极大地缓解资本主义制度固有矛盾，增强了社会的凝聚力。这一改革的结果使得在第二次世界大战结束后的半个多世纪内，西方国家的经济从总体上说是平稳发展，GDP逐步增长，社会呈现长期繁荣景象。如资本主义制度按这样改革发展下去，资本主义制度将逐渐过渡到社会主义，并可能发展到更人性化的有等级共同富裕的社会制度。然而，由于苏联解体和东欧剧变，资本主义国家危机感消失。资本主义制度代表资本家利益的本来面目又暴露出来。自由经济沉渣又泛起，政府干预被削弱，国有企业私有化并减少社会福利。这一倒行逆施的结果，导致社会贫富加剧，穷国与富国差别加大，引发一系列区域性经济危机后，终于爆发了2007年开始的世界性经济大危机。

而事实上，资本主义制度本身是人类发展史上的怪胎。伴随资本主义的是不断的战争和经济危机。近几百年来，资本主义发源地的欧洲成为战争的屠宰场，引发了两次世界大战。直到可以导致人类毁灭的核武器的出现，大规模的战争才被遏制。人为操纵的金融危机，如东南亚金融危机、南美金融危机，可以使一国多年辛勤积累财富化为乌有，而国际资本家则更加富有。为了追逐资本利润，它没完没了地制造出人类许多本身并不需要的所谓财富引诱人类去追逐。这造成了环境的破坏、野生动物的灭绝、生物多样性的减少，也许最终毁灭人类本身。

2. 社会主义制度

与资本主义对照的社会主义,虽然每个人可能对其理解不一样,但对于其全社会共同富裕的特点应该能达成共识。周朝"井田制"(《周礼·地官·小司徒》)的国有土地制度,保证了人们物质需求。礼乐文化制度满足了人们精神享受与和谐社会对等级的需求。尽管天子和诸侯世袭制及封建政治制度存在局限性,周朝还是延续了800余年,成为我国有史以来最长的王朝。

共同富裕的社会主义社会是人类社会中绝大部分人的心愿,可能起源于人类与其他动物的竞争、人类种群与种群之间的竞争及人类适应和改造环境的过程,借助集体的力量和智慧以达到成功避免失败,如中国人津津乐道的大同世界。然而对共同富裕的理解可能有很大的争论。作为社会弱势群体的个人希望尽可能地和其他阶层个体获得同等的待遇,而社会精英的个体希望获得较高的待遇,因为他们对社会的贡献大。对此,孔子早就指出"君子和而不同,小人同而不和"(《论语·子路》)。

"走俄国人的路",作为马列主义指导下的无产阶级专政的苏联式社会主义,自然采用平均分配。这在夺取和保卫政权革命热情消退后,出现了个人积极性消失的"一个和尚挑水喝,两个和尚抬水喝,三个和尚没水喝"现象,导致了苏联式的社会主义的贫穷。针对苏联式社会主义缺陷，邓小平提出"让一部分人先富起来，带动全社会共同富裕"的发展战略，并大胆采用资本主义发展出来的成熟市场经济，结合我们经验丰富的计划经济和政府调控手段，进行中国式社会主义实践。实践结果表明中国社会是快速富裕起来了，但共同致富却没有实现。出现贫富悬殊，社会两极分化，埋下了社会不稳的隐患。

究其贫富悬殊原因，有不同说法。笔者认为，不适当的法律法规和产业政策可能是最重要的原因之一。如现在的房地产政策、国有企业上市和股份制改造方案等。这些政策法规是根据"让一部分人先富起来"、"和国际接轨"战略而制定的。这一战略，曾有力地推动了我国的改革开放，尤其在苏联解体和东欧剧变之后，在人们普遍对社会主义制度失去信心的情况下，为维持和增强社会凝聚力，作出了巨大的贡献。然而时过境迁，"让一部分人先富起来"、"和国际接轨"战略已不符合现在的我国国情和人们的认知，对当今社会有极大负作用。现在的被人诟病的房地产商抬高房价，普通民众买不起房子；黑心投资机构操纵股价，普通股民被套；股份制改造，一批人下岗；"两万多亿美元外汇储备在不断缩水"。如果我们的理解是正确的话，这只是表面现象，而深层次事实是一些利益集团和外国资本利用政策，瓜分国有资产，巧取豪夺民众私有财产。而细究下去，国有财产本来是全体中国人的共有财产,瓜分国有财产本质上是从每个老百姓的口袋里掏钱。实质上,这是一种腐败。

3. 平等和谐社会制度

贫富悬殊和社会两极分化造成应对气候变化的困难。"走俄国人的路"行不通,"和国际接轨"似乎也不行。走中国人自己的路,集古今中外社会理念精华,建立和发展和谐社会,在胡锦涛同志倡导下已成为社会共识,并被写进中央决议。当下的和谐社会应理解为有等级共同富裕的社会。其目的就是创造一个对各阶层都有激励和各阶层都能接受的共同富裕的社会,修正目前的贫富悬殊的现象。因此,目前应该对一些能引起贫富分化的法律法规和产业政策进行调整,这对增强社会凝聚力,积极应对气候变化是一个必要举措。

孔子曰"君子和而不同",为了避免未来可能出现的大人物利用权力和财富及影响力,强调不同而扩大贫富差距,为自己阶层和利益集团牟利,笔者认为有必要称"平等和谐社会"。孔子曰"吾从周"(《论语·八佾》),我们能建成一个比西周更和谐稳定的社会吗?

三 应对气候变化对经济制度的要求

1. 市场经济制度

市场在我国源远流长,早在传说的伏羲氏时代就已产生。《周易·系辞下传》描述道:"古者伏羲氏之王天下也……日中为市,致天下之货,交易而退,各得其所。"数千年来,市场一直伴随我国人民的生活。春秋齐桓公时代就曾颁布优惠政策鼓励市场。东汉汉灵帝甚至在后宫仿造街市、市场、各种商店、摊贩等。这些都说明了自古以来领导集团就极其重视市场在经济生活中的作用,但是我国一直没能发展起现代意义的市场经济。其可能的原因是我国自古以来一直重视政府对经济的主导,避免贫富悬殊。

现代市场经济萌芽于14、15世纪地中海沿岸的威尼斯等城市,开端于16世纪末的荷兰,之后得到快速发展。英国在17世纪中叶接过其领导权,之后又传与美国。其自由市场经济学理论由英国经济学家亚当·斯密创立,体现在其所著的《国富论》中。自市场经济诞生以来,与其相伴随的是不断的经济危机。面对1929年资本主义世界的经济大萧条及社会动荡加剧和与之对照的苏联的大发展事实,资产阶级精英中的有识之士对苏联成功经验进行了深层次的分析。借鉴苏联成功的因素,资产阶级精英中的有识之士对市场经济进行了三大改革:政府干预市场、建立国有企业与企业社会化(企业上市)、增加社会福利。由于这一改革,在第二次世界大战结束后的半个多世纪内,西方国家的经济从总体上说是得以平稳发展,GDP逐步增长,社会呈现长期繁荣景象。然而,由于苏联和社会主义阵营的崩溃,自由经济沉渣又泛起,政府干预被削弱,国有企业私有化,社会福利减少。这一新自由主义的结果,导致社会贫富加剧,穷国与富国差别加大,在引发一系列区域性经济危机后,终于又爆发了2007年开始的世界性经济大危机。

2. 计划经济制度

"计划经济"体制这个概念由弗拉基米尔·伊里奇·列宁于1906年提出,并由1917年俄国十月革命后建立的第一个社会主义政权苏联付诸实践。1918年春至1921年初这段计划经济时期被称作军事共产主义,效果不甚理想。为此,列宁总结道:"我们没有掌握好分寸,也不知道如何掌握这个分寸。"之后,列宁提出新经济政策,即恢复市场经济,但私人开办的工厂不能超过20人。再次开始计划经济可以说是以1925~1926年的第一批发展国民经济的控制数字为标志。苏联于1928~1932年实施第一个五年计划开始实行"指令性计划",形成了所谓"斯大林模式"。第一个五年计划获得了极大的成功,与之形成反差的是西方资本主义世界经济的大萧条和社会动荡的加剧。之后,苏联经济不断快速发展,国家不断强大。尽管遭受了第二次世界大战的破坏,苏联在20世纪40年代就已成为世界超级大国。与立国之初的那个在欧洲文明程度和工业化程度都极其落后的国家相对比，这毫无疑问是人类发展史上的一个奇迹。从此，计划经济在社会主义阵营得到普遍采用。

随着20世纪90年代苏联的崩溃，社会主义走向低潮，资本主义和私有化成了香饽饽。计划经济似乎成了"过街的老鼠"，自由市场理论又沉渣泛起。这导致社会贫富悬殊，穷国与富国差别加大，在引发一系列区域性经济危机后，终于又爆发了2007年开始的世界性经济大危机。从这个意义上讲，苏联的崩溃不仅是俄罗斯等国的悲哀，也是人类及人类认识史上的损失。

顺便探讨一下苏联崩溃的原因。社会主义苏联崩溃的原因有许多，笔者归纳为主要有两个互为因果的原因。一是对社会主义制度和计划经济的认识不够。列宁所哀叹的"我们没有掌握好分寸，也不知道如何掌握这个分寸"也许是对这一观点的较好说明。二是对苏联式社会主义制度和计划经济前期的过于乐观和后期的过于悲观。这就体现在赫鲁晓夫、勃列日涅夫等时期的改革，始终没能突破斯大林模式，而到戈尔巴乔夫时期又对斯大林模式彻底否定[①]，始终没能像资本主义改革时吸收社会主义成功的因素一样，在其改革时吸收资本主义的可利用的东西。当

---

① 陆南泉：《苏联经济体制改革史论》，北京，人民出版社，2007，第816页。

然，戈尔巴乔夫领导集团政治幼稚也是一个重要的原因。当进行政治改革时，其领导集团甚至不知道社会需要凝聚力核心，政府需要强有力的领导这些起码的政治常识。

回顾历史，苏联崩溃是历史发展进程中一个极其正常的事件。一个充满生机而短期内获得巨大成功的新生事物，由于缺乏经验无法应对错综复杂的社会矛盾，而轰然倒塌。这也是细节决定成败的真理体现。这样的例子我国历史上曾多次出现，如2000多年前的秦始皇创建了中央集权制度，从而缔造了强大的史无前例的大一统王朝——秦朝。然而，不到16年，秦朝就轰然倒塌了。几十年后，中央集权制度重被汉武帝成功采用，并一直为后世所沿用。当下，中央集权制度还充满生命力和号召力。再如1400年前隋朝创建科举制及其形成的开明文官制度，造就了强大繁荣的隋王朝。而隋王朝只持续了40年，成为我国历史上一个短命的王朝。而科举制度被沿用了1300余年，开明文官制度几乎被当下全世界采用。

3. 计划和市场有机结合的经济制度

新中国成立后不久开始学习苏联，对社会进行改造，建立了社会主义公有制和集体所有制与高度集中的计划经济体系。由于帝国主义的封锁，开放只能面向社会主义国家和第三世界国家。经过不到30年时间的建设，我国建立了全面而完善的工业、卫生、科技和教育体系，实现大规模群体脱盲，初步实现国家工业化。值得一提的是，这一阶段我国科技水平突飞猛进，如"两弹"爆炸、卫星上天、杂交水稻问世等。杂交水稻等可能从根本上解决了我国的粮食瓶颈。这一切为新时期改革开放打下了坚实的基础和人才及科技储备。

1978年，党的十一届三中全会作出了实行改革开放的重大决策。在中华人民共和国历史上，掀开轰轰烈烈全方位改革开放，建设有中国特色的社会主义征程的新篇章。有关经济制度改革的问题，有过长期激烈的争论，曾提出了各种各样的方案。这可表现在1984年中国共产党十二届三中全会提出有计划的商品经济，1992年中国共产党第十四次全国代表大会确立社会主义市场经济体制为改革目标，1995年中共十四届五中全会决定经济体制从传统的计划经济体制向社会主义市场经济体制转变。1992年社会主义市场经济体制为改革目标的确立可能也与1991年的苏联解体有关。放弃计划经济制度这个理论上优越并且已运行多年，但根据当时的认知和经验，很难继续操作的制度，取而代之采用已运行数百年的、成熟的市场经济制度。这是一个大胆的选择，实践表明，这也是一个明智的选择。我国已探索出一条中国社会主义市场经济的道路，已建成具有现代企业制度的国有企业、民营企业、股份制企业、外资企业和中外合资企业等共同参与的社会主义市场经济体制，在经济上已取得举世瞩目的成就，我国已成为世界经济大国，人民生活水平不断提高。

然而，2007年开始的世界经济危机以及之前不断发生的极具破坏力的区域性经济危机，如南美和东南亚经济危机，表明主流经济学家鼓吹的自由市场理论是靠不住的，市场也不是万能的。自由市场理论的根据是"人是自私和恶的"这一西方宗教人性认识论。如按自由市场理论的鼻祖亚当·斯密的说法，"每个人都在不断努力为自己所能支配的资本找到最有利的用途。当然，他所考虑是自身的利益，而不是社会利益。但是，他对自身利益的关注自然会，或者说，必然会使他青睐最有利社会的用途"[①]。

虽然我国经济建设取得巨大的成就，然而主流经济学家提倡的自由市场和市场万能观点，或多或少影响了我国社会主义市场经济体制建设，造成了一些负面影响，如遭受激烈批评的教育和医疗卫生的市场化。再如，现在被人诟病的房地产政策、股票和股份制改造方案等。如果深层次地分析我国经济取得的巨大成就，以及我国经济能成功面对1997年东南亚经济危机和2007年底的这次世界性经济危机的挑战，其主要的原因是我国政府对市场经济有强大的规划和调控能力。面对这次世界范围的经济危机，中

---

① 亚当·斯密：《国富论》，唐日松译，北京，华夏出版社，2005，第522页。

国政府提出的力保 8% 经济增长目标，推出的 4 万亿经济刺激方案，包含的是实实在在对经济和社会持续发展所需的项目，而非西方资本主义国家开动的只是印钞机。因此，从严格意义上来说，我国正在实行的中国特色社会主义市场经济体系，实际上是计划经济和市场经济有机结合的经济制度。

计划经济和市场经济有机结合的经济制度之所以能在我国诞生并成功运行，是因为我国领导人坚持实践是检验真理的唯一标准和科学发展观，不迷信西方主流经济学家鼓吹的市场万能，审时度势决策智慧的结晶。同时也是由于该经济制度符合我国传统政府的职能和民众对政府的要求。事实上，我国政府主导经济至少可追溯到西周实行"井田制"的经济政策，政府兴办工程可见大禹治水、秦国都江堰、秦朝万里长城、隋朝大运河、清朝黄河治理等。自古以来，我国社会对政府领导人要求"大公无私"。政府领导人主要职责是要养育和治理黎民百姓。天子是全天下人的父母，地方官是黎民百姓的父母官。父母官要帮助解决黎民百姓困苦，否则是失职。这些可见前面提及汉文帝刘恒诏书："朕闻之，天生民，为之置君以养治。"我国政府这种职能与我们传统主流文化对人性的理解有关。《三字经》开篇就说"人之初，性本善"，而与这西方宗教对人性认识为"自私和恶"形成鲜明的对比。后者自然得出"政府是有必要的恶",要求"小政府、大社会"。然而,西方政治实践的结果,政府不得不膨胀,如当下美国政府规模和掌握的财富可能远超过美国国父们的想象。政府不得不越来越多地干预社会事务,如全世界各中央政府不得不联合起来共同应对这次世界经济危机,以免放任自流的经济政策造成1929年经济大萧条再现。

因此,相比"社会主义市场经济制度","计划经济和市场经济有机结合的经济制度"提法更符合我国经济制度的实际,更能使经济活动参与者理解,更能满足我国经济制度发展的要求,更有民族认同感,更有利于社会凝聚力的增强等。因此,更有利于应对气候变化需求。

综上所述,我们已经成功地探索出符合我国国情的"计划经济和市场经济有机结合的经济制度"。这是一条漫长而艰辛甚至痛苦的旅程。如何进一步发展和完善计划经济和市场经济有机结合的经济制度,仍然是"路漫漫其修远兮,吾将上下而求索"的过程。为此,笔者提出下列建议。

(1)深入开展计划和市场有机结合的经济制度研究,进一步发展和完善该经济制度,并逐渐过渡到以计划经济为主的经济制度。

(2)建立、发展和完善计划和市场有机结合的经济信息和服务系统。图7给出初步设想的经济信息和服务系统示意图。该系统由7个部分组成，形成4个服务功能。这7个部分分别是经济监测系统、经济预报系统、经济资料管理系统、经济危机预警和应对系统、政府经济管理和决策系统、公共经济信息和服务系统、专门经济增值服务系统。

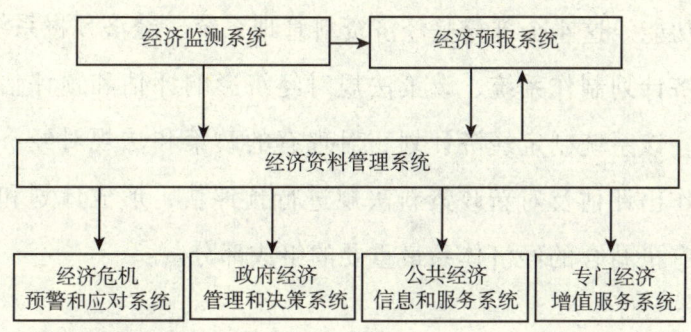

图7 计划和市场有机结合的经济信息和服务系统示意图

前3个部分分别是获取和监督所需经济资料、对经济进行预报和对所有经济资料进行管理，形成整个系统的基础，是整个系统能否良好工作的关键。这3个部分的框架和内容必须按计划和市场有机结合的经济体系要求构建。其中的经济预报模块中的计划和市场的处理可能采用类似于气象预报数字模式中计算和参数化方案。

后4个服务功能分别将为有关部门提供经济危机预警和可能应对法案，为政府经济管理和决策提供信息和决策咨询，对公共经济提供信息和服务以及为客户提供经济增值服务，形成计划和市场有机结合的经济体系的管理、服务和保障的重要组成部分。

（3）建立、发展和完善政策法规影响评估与经济计划制作系统。图8给出经济计划制定和政策法律对经济影响评估系统示意图。整个系统由4个部分组成，形成2个服务功能。这4个部分是经济资料管理系统、经济预报系统、经济计划制作系统、政策法规对经济影响评估和预评估系统。该系统制定经济计划、对现有的政策和法规对经济影响作出评估及对新政策新法规进行预评估，形成计划和市场有机结合的经济体系最重要的组成部分。

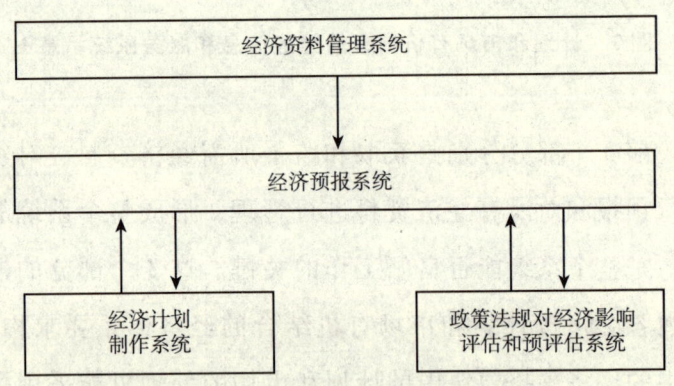

图8　经济计划制定和政策法律对经济影响评估系统示意图

四　应对气候变化对文化、艺术和体育等发展的要求

人的欲望是无限的，如何面对人类的无限欲望呢？

资本主义为了满足资本利润的需要，提倡物质享受和金钱崇拜文化，以促使人类对物质和金钱的无限追求。其结果是没完没了地制造出许多光怪陆离的人类本身并不需要的所谓财富引诱人类去追逐。这造成了人际关系的紧张、社会的分化和国家间恶性竞争，以及自然环境的破坏、自然资源的枯竭、野生动物的灭绝、生物多样性的减少。这也许最终将毁灭人类本身。而事实上，人类创造和生产的物质财富总是有限的，有限的物质财富永远满足不了物质享受和金钱崇拜文化催生的对物质和金钱的无限追求。因此，物质财富享受和金钱崇拜是一种不可持续的文化，不是我们应对气候变化、建设平等和谐社会可接受的文化。

那么，宋儒的"存天理、灭人欲"呢？由于对天理和人欲的理解不同等，人们也许有争论。但也不妥。那怎么办呢？为此，下面我们分析一下人类本身到底需要什么。

如按照著名心理学家马斯洛需要层次理论认为，人的

需要是由以下五个等级构成的①：

（1）生理的需要。人对食物、水分、空气、睡眠、性的需要等。

（2）安全需要。它表现为人们要求稳定、安全、受到保护、有秩序、能免除恐惧和焦虑等。

（3）归属和爱的需要。一个人要求与其他人建立感情的联系或关系，如结交朋友、追求爱情、参加一个团体并在其中获得某种地位等，就是归属和爱的需要。

（4）尊重的需要。它包括自尊和希望受到别人的尊重。

（5）自我实现的需要。人们追求实现自己的能力或潜能，并使之完善化。

由上可知，生理的需求也就是我们的先人所说的"食色，性也"（《孟子·告子上》），一般来说，在人的所有需要中是最重要的和最有力量的。因此发展经济，满足人们对这些物质的需求是建设和谐社会的要求。为此，我们已建立了适合我国国情的优越的计划和市场有机结合的经济制度。然而，从马斯洛理论和我们先人的智慧可见，人类本身对物质财富的需求是极其有限的。一般情况下，目前

---

① 彭聃玲：《普通心理学》，北京，北京师范大学出版社，2004，第599页。Maslow A H., *Toward psychology of human being* (Izard ed.) (Princeton: Van Nostrand, 1968).

我们生产力水平和优越的经济制度应该能满足人们对物质的需求。

因此，如何把人类的无限的欲望引导到无限的精神享受，创建和发展平等和谐的社会文化，取代物质享受和金钱崇拜文化，是应对气候变化、建设平等和谐社会的关键。事实上，我们的祖先在这方面给我们做了很好的榜样，如3000年前的西周，先人们曾创建了一个井然有序、有等级共同富裕的长期和谐繁荣的王朝。周朝"井田制"的国有土地制度，保证了人们物质需求。礼乐文化制度满足了人们精神享受与和谐社会对等级的需求。孔子"郁郁乎文哉，吾从周"，显然是不现实的。孔子没能回到两周社会，我们更是回不去了。

我们已发展和建立了适合我国国情的先进政治制度、优越的计划和市场有机结合的经济制度、符合我国传统的人性化平等和谐社会制度理念，我们拥有先进的科学技术，我们一定可以创造出应对气候变化、建设和谐社会所必需的包含文化、艺术和体育等的文化体系，以满足人们无限的精神享受。

第六章 结论

首先，本研究基于两千余年来中国区域气候变化资料，研究了两千余年来中国气候变化与中国社会发展的关系。其历史气候变化资料选取公开发表的三套地表气温距平时间序列[①]。结果表明，中国区域地表气温存在3个时间尺度为数百年（大时间尺度）交替震荡上升的升温（变暖）期和震荡下行的降温（变冷）期。与这数百年尺度升温期对应的是强大繁荣的王朝和政权，如两汉、隋唐、清朝和中华人民共和国；而与数百年尺度降温期对应的却是混乱的时代，如战乱的战国、魏晋、南北朝和五代十国，

[①] Yang Bao, Braeuning A, Johnson K R, et al., "General characteristics of temperature variation in China during the last two millennia," *Geoph Res Lett* 29 (2002): 381–384. Tan Ming, Liu Tungsheng, Hou Juzhi, et al., "Cyclic rapid warming on centennial-scale revealed by a 2650-year stalagmite record of warm season temperature," *Geoph Res Lett* 30 (2003). 唐国利、任国玉：《近百年中国地表气温变化趋势的再分析》，《气候与环境研究》2005年第4期，第791~798页。

以及相对贫弱的王朝，如两宋、元朝和明朝。而王朝的强盛与否和该朝代气候的冷暖关联很小。

在大时间尺度的气候升温和降温期，叠加了时间尺度为数年、数十年和约百年（小时间尺度）的气候升温和降温期。两千余年来所有主要朝代或政权的更迭，如春秋、战国、秦朝、西汉、东汉、魏晋、南北朝、隋、唐、五代十国、北宋、南宋、元、明、清、中华民国和中华人民共和国前后之间的更替，北方少数民族政权的建立除前秦外，如匈奴、后汉、后赵、北魏、突厥、辽、西夏、金、蒙古、鞑靼和后金，引起大规模社会动荡的民众起义等如陈胜吴广起义（秦朝）、赤眉绿林起义（西汉）、黄巾起义（东汉）、八王之乱（魏晋）、李特起义（魏晋）、大乘教起义（南北朝）、隋末农民起义（隋朝）、安史之乱（唐朝）、黄巢起义（唐朝）、王小波起义（北宋）、方腊宋江起义（北宋）、钟相杨幺起义（南宋）、红巾军（元朝）、明末农民起义（明朝）、白莲教起义（清朝）、太平天国（清朝）、武昌起义（清朝）、解放战争（中华民国），都对应小时间尺度气候降温期或气候由增温转为降温的转折期。其中，小时间尺度气候转折期及其附近时间段是大规模社会动荡事件易发期。与气候降温相对照的气候持续增温期，社会相对繁荣和稳定，如隋朝的"开皇之治"、唐朝的"开元盛世"和清朝的"康乾盛世"等。

因此，两千余年中国气候变化深刻影响了中国社会发展和历史进程。一方面，气候变化（降温趋势）可能引起朝代更迭、北方少数民族政权的建立、有破坏力的外族入侵和大规模社会动荡的民众起义等。另一方面，气候变化（升温趋势）可推动社会繁荣。然而，不是所有的气候降温期和降温期的社会动荡都会引发改朝换代，气候降温期也曾有唐初"贞观之治"和东汉初期"光武中兴"等社会繁荣和稳定。气候持续升温期也不总对应社会繁荣和稳定，如东汉后期、唐朝后期和五代十国的政局和社会不稳都在气候升温期。因此，气候变化不是制约中国社会发展和历史进程的唯一因子。

其次，基于笔者关于中国政治制度演变和发展理论、中国传统政治文化特性和气候变化对经济和生活环境等的影响，初步探讨了气候变化影响中国社会发展和历史进程的机理，其中包括气候变化引发社会大动荡和朝代更迭机理、气候变化与社会繁荣稳定关系机理、气候变化与朝代强盛关系机理。并提出了气候变化引发社会大动荡和朝代更迭理论模型，以及气候变化和社会繁荣关系的理论模型。分析表明，气候变化通过直接冲击社会经济和黎民百姓的生活环境，这些同政治及社会状态和政治文化一起影响和制约了中国数千年来的社会发展和历史进程。

在领导集团腐败和贫富悬殊造成社会割裂极其严重

时，降温趋势可能是造成朝代更迭、北方少数民族政权的建立、有破坏力的外族入侵和大规模社会动荡的民众起义等的决定性因素。当皇帝贤明、吏治清廉、社会和谐时，即使在降温趋势中，社会也会繁荣稳定，如唐初"贞观之治"和东汉初期"光武中兴"等。同时，也揭示了中国传统政治和社会等制度，在气候变暖期一般工作良好，而在气候变冷期可能表现不太让人满意，甚至具有极大的破坏性。

再次，基于两千余年中国气候变化与社会发展关系和机理分析，对应对气候变化、建设和谐社会进行了一些思考。这些思考分两个层面。第一个层面是根据本书的研究成果，应对气候变化，政府应采取的一些措施。如深入研究气候变化对中国社会发展影响，中国通史及其他专题史应体现气候变化对历史进程的影响，加强气候变化教育遏制社会腐败，以及政府制定应对气候变化预案时应同时考虑应对气候变冷和变暖这两种趋势。在目前一片气候变暖声中，最后一点政府尤其应予以关注。事实上，气候变冷对社会可能具有极大的破坏性，而这轮从1650年起大时间尺度震荡升温期到目前已达360年，已远远超过公元550～840年升温期所用的290年，并接近从公元前170年至公元220年这段升温期所用的390年。2007～2008年雨雪冰冻和2009～2010年的全球寒冬是否敲响气候变冷的警钟呢？

第二个层面包含当今政治制度、社会制度、经济制度和文化发展等需要深入讨论的问题。从笔者中国政治制度演变和发展等理论以及应对气候变化的角度出发，指出：

(1) 当今的政治制度体系的先进性。当今的政治制度是集古今中外政治理念精华，彻底改造传统政治制度而形成的。避免了传统政治制度中因最高领导人世袭制而产生的平庸、荒淫、误国、残暴或傀儡的统治者，取而代之的是领导人科学选拔制、任期制和退休制，满足了以中央政府为框架建设和谐社会对最高领导人和领导集体德才的要求。代表全中国人民根本利益的中国共产党取代了传统政治制度中宗法和军功利益集团，极大地提高了社会凝聚力。因此，当今中国政治制度具有理论上的先进性，且已显示出强大的凝聚力、生命力和创造力。然而，如何避免困扰历朝历代的吏治腐败问题仍然是当下一个挑战性的课题。可能的措施应加强正面教育，如前面提到的加强气候变化教育遏制社会腐败和真正做到依法治国，可能是避免吏治腐败的根本。

(2) 我国经济制度的优越性。我国已成功地将计划经济和市场经济有机结合，形成了适合我国国情的独特经济制度。这一经济制度，保证了我国经济长期快速稳定发展，并成功地抗击了1997年的东南亚经济危机和2007年始的世界经济危机。如何进一步发展和完善计划经济和市场经济有机结合的经济制度，仍然是"路漫漫其修远兮，吾将上下而求索"的过程。

（3）建设平等和谐社会的重要性和紧迫性。当今社会，由于贫富悬殊造成了社会的两极分化。为了避免社会的危机发生，需要建立和发展符合我国优良文化传统的人性化平等和谐社会，创造一个对各阶层都有激励和各阶层都能接受的共同富裕道路，修正目前的贫富悬殊的现象。为此，目前迫切需要对一些能引起贫富分化的法律法规和产业政策进行调整，这对增强社会凝聚力、积极应对气候变化是一个必要举措。

（4）发展适合于应对气候变化的和谐社会文化、艺术和教育体系。创建和发展平等和谐社会文化，消除物质享受和金钱崇拜文化的消极影响，形成能满足人们无限的精神享受的文化、艺术和教育体系。

致　谢

　　笔者作为中国工程院气候变化咨询项目——"科学认识气候变化及其后果"问题研究组的成员，非常感谢中国工程院、课题组组长和各专家的鼓励和支持。国家气候中心丁一汇院士和中国气象科学研究院徐祥德院士给予笔者气候变化的指导性建议和热情的鼓励。和中国科学院丁仲礼院士讨论后，增加了机理的内容。北京师范大学朱瑞平教授给予笔者气候变化与文化及社会发展建设性建议和热情的鼓励。国家气候中心任国玉、刘洪滨研究员和张锦女士及中国气象科学研究院王亚非研究员提供了有关的资料。张乐坚等同学制作了所有图表。在此，笔者一并感谢。

程明道
于 2010 年 2 月 18 日

参 考 文 献

白钢：《中国皇帝》，北京，社会科学文献出版社，2008。

白寿彝：《中国通史》，上海，上海人民出版社，2007。

程明道等：《暴雨系统的多普勒雷达反演理论和方法》，北京，气象出版社，2004。

程明道等：《仰韶文化期中原及周边地区农业和文化大发展的研究》，2010。

丁一汇：《中国气象灾害大典》，北京，气象出版社，2008。

丁一汇、张锦、徐影、宋亚芳编《气候系统的演变及其预测》，见秦大河主编《全球变化热门话题丛书》，北京，气象出版社，2003。

费正清：《中国的思想与制度》，北京，世界知识出版社，2008。

范文澜、蔡美彪：《中国通史》，北京，人民出版社，2009。

列宁：《俄共（布）第十次代表大会文献》，中共中央马克思、恩格斯、列宁、斯大林著作编译局译《列宁选集（第四卷）》，北京，人民出版社，1996。

陆南泉：《苏联经济体制改革史论》，北京，人民出版社，2007。

程明道：《中国政治制度演变和发展探讨》，2010。

彭聃玲：《普通心理学》，北京，北京师范大学出版社，2004。

秦大河、陈宜瑜：《中国气候与环境演变》，北京，科学出版社，2005。

施雅风、孔昭宸等：《中国全新世大暖期的气候波动与重要事件》，《中国科学》（B辑）1992年第12期。

唐国利、任国玉：《近百年中国地表气温变化趋势的再分析》，《气候与环境研究》，2005年第4期。

王绍武、龚道溢：《全新世几个特征时期的中国气温》，《自然科学进展》2000年第4期。

许靖华：《太阳、气候、饥荒与民族大迁移》，《中国科学》（D辑）1998年第4期。

亚当·斯密：《国富论》，唐日松译，北京，华夏出版社，2005。

于海娣、黎娜：《中国通史》，哈尔滨，黑龙江科学技术出版社，2007。

张创新：《中国政治制度史》，北京，清华大学出版社，

2005。

张德二、刘传志、江剑民：《中国东部6区域近1000年干湿序列的重建和气候跃变分析》，《第四纪研究》1997年第1期。

张德二、李红春、顾德隆、陆龙骅：《从降水的时空特征检证季风与中国朝代更替之关联》，《科学通报》2010年第1期。

竺可桢：《中国近五千年来气候变迁的初步研究》，《考古学报》1972年第1期。

中央气象局气象科学研究院：《中国近500年旱涝分布图集》，北京，地图出版社，1981。

Cheng, M., *Estimation of precipitation using satellite, radar, and rain gauge data*. Ph. Thesis (The University of Bristol, 1994), 400.

Curtis, J. H., Hodell, D. A., Brenner, M. "Climate variability on the Yucatan Peninsula (Mexico) during the past 3500 years and implications for Maya cultural evolution," *Quaternary Research* 46 (1996): 37 – 47.

Ge Quansheng, Zheng Jingyun, Fang Xiuqi, et al. "Temperature Changes of Winter-Half-Year in Eastern China During the Past 2000 Years," *The Holocene* 13 (2003): 933 –940.

IPCC, *The Fourth Assessment Report* (AR4), 2007.

Hodell, D. A., Brenner, M., Curtis, J. H. and Guilderson, T., "Solar forcing of drought frequency in the Maya lowlands," *Science* 292 (2001): 1367 – 1370.

Holzhauser, H., Magny, M., and Zumbuhl, H. J., "Glacier and lake-level variations in west-central Europe over the last 3500 years," *The Holocene* 15 (2005): 789 – 801.

Maslow A H., *Toward psychology of human being* (Izard ed.), Princeton: Van Nostrand, 1968.

Webster, J. W. et al., "Palaeogeography, Palaeoclimatology," *Palaeoecology* 250 (2007): 1 – 17.

Tan Ming, Liu Tungsheng, Hou Juzhi, et al., "Cyclic rapid warming on centennial-scale revealed by a 2650-year stalagmite record of warm season temperature," *Geoph Res Lett* 30 (2003): 19 - 1 - 4.

Tao Shiyan and Cheng Longxun, *A review of recent research on East Asian summer monsoon in China. Monsoon Meteorology* (Oxford University Press, 1987), 60 – 92.

Yang Bao, Braeuning A, Johnson K R, et al., "General characteristics of temperature variation in China during the last two millennia," *Geoph Res Lett* 29 (2002.): 381 – 384.

Yancheva, G. et al., "Influence of the intertropical convergence zone on the East Asian monsoon," *Nature* 445 (2007):

74 –77.

Zhang, D. E. and Lu, L. H. , "Anti-correlation of summer/winter monsoons?" *Nature* 450 (2007); doi: 10.1038/nature06338.

Zhang Jiacheng (ed) . , *The Reconstruction of Climate in China for Historical Times* (Beijing: Science Press. 1998), 174.

Zhang et al. , "A Test of Climate, Sun, and Culture Relationships from an 1810-Year Chinese Cave Record," *Science* 322 (2008): 940; doi: 10.1126/science.1163965.

第二部分
相关研究论文和摘要

气候和环境变化与社会状态相互作用引发社会变化和发展理论

"天人合一"思想是中华民族几千年来的思想核心，体现了中华民族先人的智慧。然而，对"天人合一"的理解，不同时期的不同学派可能有所不同。"天人合一"的观念至少可溯源于商代的占卜，是一种神人关系。西周继承了商代的思想，但有了新的发展，西周时期的天命观明显地赋予神（即周人的"天"）以"敬德保民"的道德属性。春秋时期，出现了一种人为"神之主"（《左传·桓公六年》）的观点。儒家的"天人合一"说一般都以孟子为倡导者，但从根源上看还是应该从孔子谈起：孔子认为"仁"出自人天生的"直"，亦即一种自然的本性，也就是说，孔子的"天人合一"思想已由"远"及"迩"，这就为孟子的"天人合一"观开辟了道路；孟子的性天相通观点，讲的是人与义理之天的合一。老庄的"天人合一"思想不同于孔孟，强调贬抑人为，提倡不要以人灭天。此后，"天人合一"经过西汉董仲舒的人副天数说，到宋明时期发展到了顶峰。张载、二程发展了孔孟学说：一是把孔孟的"上下与天地同流"、"万物皆备于我"简单朴素论断，发展为人与天地万物为一体的思想学说；二是把孔孟的差等之爱观点，向着博爱思想的方向推进。王阳明继承和发展了程颢的"仁者以天地万物为一体"的思想，"一体之仁"成了中国哲学史上"天人合一"说之集大成者。我们认同"天人合一"为人与自然和谐相处的观点，赞同《庄子·天道》所注"天者，自然也"和《列子·仲尼》"乐天知命"的张湛注"天者，自然之分"。

如何达到人与自然和谐相处呢？人作为个体显然是无法独立生存的，因此更是无法与自然（环境）和谐相处的。人只能通过家庭组成的社会来达到与自然和谐相处的目的。因此我们理解的"天人合一"事实上是由人组成的社会与自然和谐相处。当自然发生变化时，人类社会就应该作出适当的调整以适应自然的变化而达到自然与社会和谐相处以及社会内部和谐的双和谐。同样，当人类社会的行为改变了自然状态时，人类社会也必须作出适当的调整以达到双和谐的目的。否则，人类社会就会衰退乃至崩溃。

基于上面的讨论，我们提出和发展了"气候和环境变化与社会状态相互作用引发社会变化和发展的理论"。简称"气候和环境变化与社会发展理论"。从严格意义上来说，气候应包含在环境的范畴内，但考虑到气候变化的特殊性以及气候变化在引发社会变化和发展中的极其重要性，在此我们将气候从环境里区分出来，沿用狭义的环境概念。

　　气候和环境变化与社会发展理论的核心是气候和环境变化与社会状态相互作用是可以引起社会变化和发展的。研究表明，气候和环境是在不断变化的，而变化的气候和环境可引起社会状态变化和发展，从而引起人类生存质量的改变。当这种变化对人类社会状态和人类生存质量的影响是正面效应时，我们可以顺应这种变化。当这种变化的影响是负面效应时，我们可以人为地改变社会状态来减缓这种负面效应，甚至改善人类社会状态和人类生存质量。改变社会状态的方法：（1）改变制约社会状态的政治、经济和社会等制度和社会文化；（2）改变气候和环境变化趋势；（3）上面两种方法同时使用。然而目前人类能否改变气候变化趋势在理论和实践上都还不清楚。因此目前来说第一种方法是唯一可行的方法。

　　图 9 给出气候和环境变化与社会状态相互作用引发社会变化与发展的理论示意图。从图 9 中可以看出政治、经济、文化以及气候和环境变化共同制约了社会发展，虽然在某些情况下不是所有这些因素都起作用。我们认为一般意义上来说，社会、政治、经济、文化以及气候和环境因素对社会发展的影响程度由大到小，但影响时间尺度却由相对短期到相对长期。因此该理论和气候环境决定论、气

候决定论、文化决定论、经济决定论、政治决定论及制度决定论等理论截然不同，但不完全排除这些理论在特殊条件下的合理性。即在某些特殊情况下，该理论中的某要素起决定性作用时，该理论就过渡到某决定论。

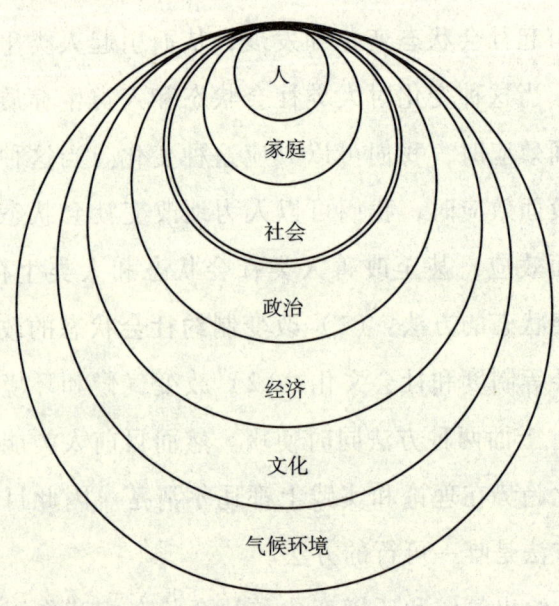

图 9 气候和环境变化与社会状态相互作用
引发社会变化和发展的理论示意图

万年以来气候变化与中国区域文化发展的研究

内容摘要

通过总结我国考古成就，把我国古文化分为相对独立的六个区域已形成了共识：（1）陕豫晋邻黄的中原，（2）山东以及邻省一部分地区的东方，（3）湖北和邻近地区（汉水中游区、鄂西区、鄂东区）的西南，（4）长江中下游地区（宁镇区、太湖区、宁绍区）的东南，（5）以鄱阳湖—珠江三角洲为中轴的南方地区（赣北区、北江区、珠江三角洲）的南方，（6）以长城地带为中心的北方地区（昭盟中心区、河套区和陇东中心区）。本文利用青海湖孢粉等获取的全新世万年以来气候变化资料和中国区域考古发掘及文献资料，研究了我国古文化六个文化区域万年以来文化发展和气候变化的关系。结果表明，所有的这六个文化区域各期文化的交替都对应气候变化在千年尺度的一个周期，如中原区先后经历南庄头文化（距今10000~8500年）、裴李岗等文化（距今8500~7000年）、仰韶文化（距今7000～5000年）、中原龙山文化（距今5000～4000年）和夏商周文化（距今4000～2200年）五个文化特征明显不同的发展阶段。小于千年尺度的气候变化周期可能对应于各考古文化中的不同阶段，如夏（公元前2000～前1600年）、商（公元前1600～前1046年）和周（公元前1046年～前256年）。

大发展的仰韶文化兴衰与气候变化

内容摘要

本文利用孢粉等获取的古气候资料和考古发掘的距今7000~5000年仰韶文化资料，研究了仰韶文化的发展与气候变化的关系。研究结果表明，仰韶期对应一万年来的气候大暖期的最暖期，中国各区域的年均气温从略高于当今的值震荡上升到距今6200~6000年的鼎盛阶段，在其鼎盛阶段长江流域年均气温比今高2℃，华北以及西北可能高3℃；之后，震荡下降至距今约5000年达到略低于当今值的极小值。与之对应的气候升温期，仰韶文化的分布区域从最初的陕西地区和晋豫交界地区，扩展到仰韶早期的以关中地区为中心，东达豫西和晋西南，西至天水，南到汉水上游的压域。同时，仰韶文化区域内的文化遗址数也在不断增加，如陕西的古文化遗址在距今6000年左右达到极大值。距今6000~5500年小幅降温期，仰韶文化范围更是扩展到以渭水流域为中心，东达黄河下游，西到甘青地区，南及江汉平原，北至内蒙古南部的区域，这可能与距今约6000年取得主导地位的先进的文化有关。距今5500年之后即仰韶文化晚期，随着气候的剧烈变冷仰韶文化逐渐衰落，表现为仰韶文化区域的减小和遗址的减少。到距今约5000年时仰韶文化最终被龙山文化取代。总的来说，升温期和气温远高于当今的小幅降温期对应仰韶文化大发展，而后期迅速的降温期对应仰韶文化的衰退。

在仰韶文化初期半坡和庙底沟类型文化平行发展，在距今6000年左右当气候变冷时半坡类型被庙底沟类型融合。这可能源于半坡人和庙底沟人具有由不同人生观形成的不同社会状态，产生的应对气候变冷的能力不同。从半坡和庙底沟的墓葬等可看出，相对于半坡人，庙底沟人可能生活得更世俗、更节俭，社会可能更公平。因此，庙底沟人可能具有更有效的利用物质财富的手段、更强的社会凝聚力来应对气候变冷引起的社会问题，并在气温小幅降温时仍能获得文化和社会的大发展。

古罗马兴衰与气候变化

详细内容摘要

古罗马从当年（约公元前753年）所建的不起眼小城起，历经良好开端的王政、兴起的早期及中期共和国、混乱的共和国、早期和繁荣的帝国与混乱的帝国及西罗马的灭亡，跨越了1200余年。本文从古罗马的社会凝聚力，领导集团的领导和号召力，社会的进取心和创造力，以及气候变化等角度，系统地探讨了古罗马的兴衰。研究结果表明，客观的气候变化是影响古罗马兴衰的重要因素，它和人为的社会、政治、军事、宗教、经济和文化等一起共同制约了古罗马的发展。

良好开端的王政时代（公元前753年~公元前509年）。传说罗马城是由罗穆卢斯（Romulus）两兄弟于约公元前753年在母狼曾喂养他们的地方修建的。但据本研究，罗马城建立的真正原因可能是长期的气候变冷导致农业灾害引起粮食危机和社会矛盾加剧。罗穆卢斯不得不率领一批人离开原来的居住地，来罗马筑城建设新家园。不像其他单一民族构成的城邦带有狭隘性，罗马城从一开始就是开放的民族融合大熔炉，它的臣民至少由当时最有影响力的拉丁人、萨宾人和埃特鲁斯坎人组成，这开启了扩展和民族融合的传统。罗马给每个人机会，甚至优秀的奴隶也可能获得自由，这造就了罗马人好学、务实和积极进取的精神。罗马国王掌握绝对权力，但也受到来自元老院（贵族）和公民大会（公民）的遏制，是一个早期的混合政体。罗马采用了首先控制文化传统相近的拉丁联盟这一正确的扩展和征服之路。罗马人相信罗穆卢斯王的祖先是女神维纳斯的儿子埃涅阿斯，罗穆卢斯王是战神马耳斯的儿子并被母狼喂养，这铸造了罗马人的民族自豪感和尚武精神。努玛·庞皮利乌斯王培育了宽容和"顺从"的宗教精神（拉丁语 Religio 本意为顺从）。罗马人对宗教、法律、正义、道德和家庭极其重视，奠定了罗马国家和谐稳定的社会基础。王政时期的君主塞尔维乌斯改革增强了贵族的权力，减轻了平民的负担，为推翻王政建立共和国做好了准备。王政时期气温基本上处于上升阶段，这对王政时期的社会发展起到了积极的作用。然而王政晚期的气候降温引起社会矛盾的加剧，加上小达克文王的暴政，终于导致了王政时期的结束。

共和国早期（公元前 507 年～公元前 264 年）及中期（公元前 264 年～公元前 146 年）可认为是古罗马兴起时

期。公元前507年罗马贵族和人民推翻了小达克文王权统治，建立了贵族统治的由元老院、公民大会和两名执政官组成的混合政体。其时古罗马人面对外部强大的敌对势力，贵族统治集团能协调好各种社会关系，贵族向平民做出适当的让步以获得人数众多的平民对外战争的支持和参与，如设立保民官、执政官等职务对平民开放、废除平民和贵族不予通婚的法律等。这段时期虽然气候处于长期震荡变冷期，引起了农业和自然灾害，再加上战争等因素，造成了社会财富减少和生存环境的恶化。但罗马社会仍相对和谐稳定，领导集团仍具有极强领导和号召力，社会仍具有极大的凝聚力和创造力，各阶层仍具有进取心。而此时的埃特鲁斯坎人、萨尔贝人、希腊人、迦太基人、高卢人等由于统治集团的腐败，不能考虑底层人民的困苦，没有处理好气候变冷所引发的一系列社会问题，导致社会凝聚力减弱乃至消失殆尽。虽然罗马人在战争中也曾遭遇惨败，但却越战越强。而它的战争对手却在战败后，社会土崩瓦解，国家被罗马人征服。这时期战争的结果是罗马人统一了意大利并且征服了地中海周边地区。

混乱的共和国末期（公元前146年~公元前31年）。当罗马人统一了意大利且征服了周边地区，将地中海变成它的内湖时，外部压力减弱消失，罗马贵族统治集团一反妥协合作的传统，眼光变得极其短浅。事实上，小城邦式的政治和行政体系已不能适应当时需求,如元老院和公民大会等已不具备代表性,甚至有时公民大会变成野心家和流氓无产者的战场。罗马统治者不能从国家长治久安出发,进行适当的政治行政等体制的调整,以适应如此庞大的且具有不同政治和文化传统的多民族国家的需求,而只考虑到统治集团小部分人的利益,统治集团变得极其腐败。贵族富豪通过立法,将非法占有的国有土地合法地变成私有财产,并通过税收高利贷等手段掠夺平民的财产兼并平民的土地,造成并加剧了社会两极分化。表现为部分拥有大量地产的富豪和无数的流氓无产者,这是形成社会不稳定的重要因素。罗马公民和同盟者待遇差距越来越大,罗马疯狂掠夺各行省财富,激起了同盟者和行省人民的武装反抗。奴隶主对奴隶进行残酷剥削,引爆了奴隶的一次次起义。而对不得不进行的军事改革,腐败的统治集团却不能采纳一批有眼光的政治精英如格拉古兄弟等的改革方案,最终采纳了马略的改革方案。马略的改革确实增强了军队的战斗力,成就了一些名垂千古的英雄,使罗马的疆域进一步扩大。然而却使得军队成了一些有野心的将军争权夺利的工具,引起一次次大规模的所谓公民战争。幸运的是为了赢得同盟战争挽救共和国,务实的罗马人最终还是给予意大利人公民权,扩大了共和国的执政基础。更幸运的是这时期气候处于震荡升温期,升温期对应的社会财富增加减缓了社会矛盾。但在随后的气候降温中，社会财富的减少加剧了社会矛盾，使得贵族统治的罗马共和国让位于君主（元首）统治的帝国。

帝国的早期（公元前31年~公元68年）和繁荣期（公元68年~公元235年），雄才大略的奥古斯都（屋大维）用军事手段结束了自格拉古兄弟改革以来一百余年的内战，给人民带来了和平，给社会带来了秩序，顺应了人们的愿望。奥古斯都对政治、行政、军事、司法、经济和宗教等进行了一系列改革。基于恺撒等人失败的教训和东方专制帝国的统治经验，奥古斯都以宽厚的外表和刚毅的内在及高超的政治手腕，开启了以东方专制为主、罗马传统共和为辅的帝国体系，或者说披着共和外衣的专制帝国。奥古斯都的改革顺应了历史的发展，极大地提高了社会的凝聚力，加强了统治集团的号召力，激活了各阶层的创造力。这些与这一时期气候震荡升温共同给罗马带来了两百余年的和平与繁荣。气候变化对这一时期繁荣的贡献最明显的证据可从这期间的黄金期安敦尼王朝时期（公元96年~公元192年）的几乎持续的气温升高得出。由于罗马帝国没能建立起平稳的元首（皇帝）继承制度，自共和国末期形成的军队对最高领导人与继承人干预的传统，以及其他一些原因，形成了帝国的不稳定因素。这期间的气候降温期，加大了这些社会的不稳定性，但此时丰富的社会财富使得帝国仍旧繁荣昌盛，导致了社会相对平稳的改朝换代。如朱理亚·克劳狄王朝、弗拉维王朝、安敦尼王朝和塞维鲁王朝前后的更迭。

混乱的帝国（公元235年~公元305年）和西罗马的灭亡（公元305年~公元476年）。气温约在公元220年达到其极高值后快速下降。仅仅十几年气温就几乎降到了一个多世纪前升温期的起点，之后又震荡走低。剧烈的气候变冷引起农业和自然灾害，从而造成社会财富减少和生存环境的恶化。此时，罗马统治集团没有做出适当的制度、政策（尤其税收）和法律等调整以适应气候变化的需求。而且，此时上层社会的人们依然过着奢侈糜烂的生活，社会底层的人民却过着极其困苦的生活。例如，气候变化引起的农业灾害致使平民和隶农等交不起各种各样的税，为了逃避惩罚不得不逃离家乡。这样一来，有的收税的地方官员因不能收到规定的税收，为了逃避惩罚也只好弃官而逃。这些都削弱了帝国的基础、社会凝聚力与统治集团的号召力。一些野心家乘机争权夺利，底层人民也不得不奋起反抗。此时生活在罗马外的所谓野蛮民族，同样遭受气候变化的痛苦，为了本民族的生存不得不侵掠其他民族，罗马成了这些民族眼中的"肥肉"。此时的罗马真可谓内忧外患，处于风雨飘摇中。

鉴于此，帝国的统治者进行了一系列的改革，以挽回罗马的衰落。如卡拉卡拉（公元211年~公元217年）即位后，对公民权进行改革。他于公元212年颁布赦令，把罗马公民权授予帝国全体自由公民（投降者除外）。由于这一赦令只是为了增加缴纳罗马财产税的人数来提高国家收入，增加军队的饷银，从而贿买军队。因此造成了各省居民的生活更加困苦，以及由于老公民特权的丧失，引起了普遍的不满。然而从长远看，这一赦令无疑增强了帝国凝聚力。宫廷近卫队首领戴克里先于公元284年由军队拥立为帝后，进行了行政、军事、财政及币制和物价等一系列的改革。这些改革虽然在当时看来加强了行政和军队的管理能力，却增加了政府的开支，政府不得不提高税收，从长远上看却进一步削弱了帝国的基础。戴克里先抛弃有千年历史的元老院，使所有与共和制有联系的行政官职如执政官、检察官、保民官等都成了荣誉称号，全部政权都集中到了皇帝和以皇帝为首的官僚机构手里。虽然自从奥古斯都（屋大维）时代，元老院本身已基本成了橡皮图章，也许偶然出现同元首不和谐的现象，但元老院的元老依然是整个帝国的精英，依然是社会尤其是西部社会凝聚力的重要组成部分。戴克里先抛弃元老院的改革，符合东部帝国的传统，可能增强了东部帝国的凝聚力，然而却严重地削弱了西部帝国的基础。君士坦丁（公元306年~公元337年）当政后，对基督教的承认和扶持，致使基督教成为罗马的国教。由于基督教是狭隘的一神教，符合帝国东部世界一神教的传统，却和帝国西部宽容务实的多神教传统相冲突。基督教平等观念也和罗马帝国西部贵族统治的传统与奴隶制相背离。因此基督教国教地位的确立可能增强了东部帝国的凝聚力，却严重地削弱了西部帝国的基础。

总之，针对气候变冷、社会财富减少而引起的社会问题，罗马帝国统治集团所进行的一系列改革，没有采用发展生产和减轻人民沉重税赋等措施，解决人民尤其底层人民生活极其困苦这个引起社会衰败的根本原因。反而采用增加税收和宗教改革等措施，加强国家机器的力量，以获得帝国暂时的安宁。这些措施也许可能增强了东部帝国的凝聚力，却严重地削弱了帝国尤其西部帝国的基础。经长期的内忧外患后，西罗马帝国不得不让位于相对落后但社会相对公平有凝聚力的所谓野蛮民族。东罗马虽然免遭此次浩劫，成功地应对了气候降温引起的社会动荡和外族的入侵，然而却没有逃脱约一千年后的再次剧烈的气候降温给它带来的灭亡命运。

本文讨论了气候变化对古罗马发生的一些历史事件，以及气候变化对被古罗马征服的一些民族的影响。另外，本文也讨论了气候变化对引起古罗马灭亡的所谓野蛮民族如哥特人、汪达尔人、法兰克人、匈奴人等的影响。

玛雅文明的兴衰与气候变化

内容摘要

本文利用古气候资料和考古发掘的文化资料，研究了玛雅文明的兴衰与气候变化等关系。研究表明，玛雅文明的发展阶段分为前古典期、古典期、后古典期3个阶段。前古典期玛雅文明主要分布在太平洋沿岸及恰帕斯马德雷山脉的高地及部分中部低地中。公元250年左右气候降温，大部分前古典时期的文明中心衰落，太平洋沿岸、高原地带的发展中断，中部低地的文明发展中心发生了转移。古典期前期，约为公元250年到公元600年，气温处于上升期，是佩腾盆地文明大发展的时代。公元500年左右，气候突然变冷，玛雅文明遭受了一定的冲击，反映在公元534～593年间玛雅人忽然停止建造石碑，以及北方的大城市特奥蒂瓦坎的灭亡。随后的气候增温使玛雅文明又恢复繁盛。但是公元750～900年左右，随着气温的急剧下降，大部分城市被废弃，玛雅文明衰落。文明中心开始逐渐移向北部的石灰岩低地平原，即尤卡坦半岛地区，进入玛雅文明的后古典时期。在15世纪末期由于气候降温使得以奇琴伊察、玛雅潘为中心的后古典时期开始衰落。16世纪西班牙殖民者的侵略，彻底摧毁了玛雅文明。从此之后的玛雅就只是散居在中美洲的少数民族，再也形不成气候了。

  本文着重探讨了9世纪左右古典期玛雅文明衰落的原因。研究结果表明，气候变化和气候变化引发的灾难，与当时玛雅文明本身的社会状态的作用，导致了玛雅文明的衰落。制约当时的社会因素为：小城邦联盟式不稳定的政治形式；宗教的改革带来的城邦间冲突恶化与升级；日渐骄奢的贵族与平民间的冲突加剧；故步自封的文化形式导致文明发展的停滞；外来民族的入侵。这些因素使得高度发达的玛雅文明的社会矛盾已相当尖锐，在气候变化以及气候变化引发的灾难（如干旱、瘟疫等）的推动力的作用下，玛雅文明的社会凝聚力消失殆尽。从而，建立在宗教基础上的古典期玛雅文明因此衰落了。

中国政治制度演变和发展探讨

程明道

详细内容摘要

  本专著从中国传统的以人为本、天地人合一和谐社会的核心理念出发，探讨了中国政治制度的演变和发展。从考古发现和先民的传说可知，从远古至黄帝时起，就存在互为因果的中央政府和以人为本、天地人合一的和谐社会理念。因此，政治、经济和社会等制度以及宗教、文化和艺术等，都是以中央政府为框架，根据人们当时的认知和生产力水平等，为构建和发展以人为本和谐社会而制定和发展的。和而不同的和谐社会要求领导集团具有凝聚全社会的能力，要求领导人具有驾驭复杂局势的能力。因此，中央政府制度和领导人尤其最高领导人制度一直是中国传统政治制度体系中两个最根本的制度。

  中央政府制度在动员全社会资源防御外民族入侵、防止与修复社会割裂和避免社会冲突、协调和促进社会全面持续发展发挥了巨大的作用。中央政府虽然经历了一次次危机和失败，但其政治制度和组织形式一直运行发展直到当下。当下的中央政府更显示出其强大的凝聚力、生命力和创造力。

在生产力相对落后和人类认知水平相对低下的历史时期，先民们理性地选择和接受了似乎不公平不合理的领导人世袭制度。在相当长的历史时期，领导人世袭制在避免领导人继承时的恶性竞争所导致的社会动荡，为维持社会稳定和谐发展起到了积极的作用。虽然领导人世袭制度本身在不断完善和发展，但是，其制度产生了许多消极影响甚至极其严重的后果。皇帝世袭制产生的雄才大略者较少，平庸乃至荒淫、误国、残暴和傀儡的皇帝占大部分。因此，随着社会的进步，地方政府领导人世袭制度随着秦朝的建立而基本结束，中央政府最高领导人世袭制度随着清朝的灭亡而消亡。

经历朝历代领导集团及社会精英们殚精竭虑的探索、改进和实践，以中央政府制度为主导的政治制度体系不断发展和完善。其政治制度体系从不可知时期到相对低效分权的封建制发展到家天下中央集权制直至当下中央集权制，经历了下面五个不同的时期。

1. 不可知时期

中华文明源远流长，考古发现距今170万年的云南元谋人和距今180万年的山西西侯度的先民就能制造和使用工具以及使用火。石器制造和火的使用，尤其是人类不像其他动物那样害怕火，说明远古时代的这些中华民族的先人心智已相当成熟。显然，人们已不可能知道元谋人和西侯度先民们选择的社会政治制度，然而如果我们的祖先曾经历过原始社会的话，元谋人和西侯度的先民们至少已就生活在原始社会中了。

我们知道当代人和2500年前的孔子和老子时代人们的心智（智商）水平相差甚微，距今180万年前的先民心智已相当成熟。因此，我们可推断当今人的心智水平和数千年乃至数万年前的先人心智水平相差有限。考古发现也证实了我们的推论，如距今2.8万年的山西峙屿遗址上发掘出有文字刻符的骨器，距今1万年以前的湖南玉蟾岩等地的先民就已经种植稻谷和制造陶器。由此可见，万年以前的先民生活的社会已有采摘业、狩猎业、农业和手工业等，社会已经分工，文化应已相当发达。

分工合作的社会就需要领导集团，承担起对内协调各种利益集团和各种社会关系，惩罚犯罪和镇压叛乱，对外反抗入侵和拓土扩疆的责任。中央政府及其相应可有效操作的各种制度应是我们心智成熟的祖先自然的选择。这可从有文字明确记载的有关商朝和周朝的史料得到证明。也许人们已不可能知道我们的祖先何时开始选择中央政府的制度,然而我们有充分的理由相信神农和黄帝时代已是有中央政府的封建社会了。关于这一点,《史记·五帝本纪》写道:"神农氏世衰。诸侯相侵伐,暴虐百姓,而神农氏弗能征。于是轩辕乃习用干戈,以征不享,诸侯咸来宾从","而诸侯咸尊轩辕为天子,代为神农,是为黄帝。天下有不顺者,黄帝从而征之,平而去之,披山通道,未尝宁居。""迁徙往来无常处,以师兵为营卫。官名皆以云命,为云师。置左右大监,监于万国。万国和,而鬼神山川封禅与为多焉"。

2. 分权的封建制时期

封建制度是在原始的通信和交通等诸多因素制约下,先民的理想选择。封建制度至少历经五帝(黄帝、颛顼、帝喾、唐尧和舜)、夏朝、商朝和周朝,延续了至少数千年。各朝的统治集团都努力制定和发展中央政府(宗主国)有效领导和协调各封国(诸侯)的各种制度,提高和发展以天子为核心的领导集团的凝聚力和领导能力。该体系可能从早期的部落联盟形成的中央政府发展到西周的具有以礼乐制度为基础和五服等级的非常完善的封建制度。

由于封国具有相对的独立性和较大的自主权,因此,封国具有较大的独立发展空间。当以天子为核心的领导集团的凝聚力和领导能力降低,宗主国和封国的国力对比出现变化时,伴随战乱的改朝换代的革命就可能发生。势力崛起的封国取代老宗主国成为新宗主国（持续时间较短的唐尧和舜可能例外）。历经春秋战国 500 余年战乱的教训和 300 余年的百家争鸣造就了认知水平的提高，封建制终于让位于家天下的中央集权制。

3. 家天下的中央集权（皇权）制度时期

历经秦、汉、魏晋南北朝、隋、唐、五代十国、宋、元、明和清王朝的更替，家天下的中央集权（皇权）制度延续了 2000 余年，可分为早期的秦朝军功皇权制度和后期的汉朝汉武帝始创建的宗法皇权制度。

（1）秦朝军功皇权制度

秦朝军功皇权制度起源于秦国商鞅变法时实施的以秦王为核心的军功利益集团为社会凝聚力量的政治制度，其渊源可追溯到春秋时齐国齐桓公和管仲的改革。该政治制度和秦国领导集团对人才的极端重视奠定了秦国在战乱频繁的战国时期的崛起，并最终使其统一了中国建立起强大秦帝国的基础。随着国家的统一和战争的结束，军功皇权利益集团失去昔日的勃勃向上的生命力，从而逐渐丧失了凝聚社会的能力。再加上领导集团的腐败和实施的严刑酷法，秦王朝在建立后仅 15 年就土崩瓦解在起义军的浪潮中。

（2）宗法皇权制度

基于秦王朝迅速灭亡的教训，汉高祖刘邦在加强中央政府权力的基础上采用经过了改造的西周分封制。然而汉初的诸王叛乱、景帝时的七国叛乱和汉武帝时淮南王刘安的谋反，暴露了汉初政治制度的局限性，促使雄才大略的汉武大帝创建了以皇帝为核心的宗法利益集团为社会凝聚力的宗法皇权制度。该政治制度继承了秦朝的中央集权制度，但用经过了改造的周朝的宗法体系取代秦朝的军功利益集团成为社会凝聚力量核心。宗法皇权制一直被后来的历代封建王朝采用。

通过历朝历代帝王及社会精英们总结以往各朝代经验教训，在不断探索、改进和实践的基础上，家天下的中央集权制度不断发展和完善，领导集团也积累了丰富的管理和协调各种社会关系与利益集团等方面的经验。然而，皇权制度是建立在以世袭皇族利益为根本利益，同时兼顾其他社会群体利益基础之上的。虽然社会主流意识主张"民为贵，社稷次之，君为轻"，然而领导集团不可能真正做到"天视自我民视，天听自我民听"，更不可能做到他们宣扬的"天下为公"。因此，皇权制度形成的社会凝聚力是极其脆弱的。除了有雄才大略的能考虑王朝长治久安的君王，皇权制度下的政府很难实现天下为家、以人为本的和谐社会。

宗法皇权制度下的社会发展模式可以简单概括如下。当有雄才大略的皇帝领导集团出现时（吏治清廉），该集团能从王朝长治久安的角度出发，意识到"君好比舟，民好比水，水能载舟，亦能覆舟"，能充分考虑社会各集团和各阶层尤其占人口绝大多数的中下层的民众利益和呼声，真正做到"天视自我民视，天听自我民听"，能以"大公无私"的精神做人民的父母官，制定一些具体法律、政策和措施，协调好各利益集团和阶层的关系，为黎民百姓办实事，使社会有等级地共同富裕。这样的领导集团就会有很强的凝聚力、号召力和战斗力，就能带领全社会战胜各种自然灾害和国内外敌对势力的叛乱和入侵，利用一切有利因素建设和谐的社会，社会因此繁荣昌盛。

然而，由于皇权政治制度本身的局限性，领导集团也可能私欲膨胀（吏治腐败）。一方面统治集团内部可能争权夺利，引起社会动荡。另一方面，可能利用各种合法和不合法的手段，搜刮民脂民膏，中饱私囊，造成社会贫富悬殊，两极分化。甚至即使在社会繁荣期，广大中下层人民也只能在贫困中挣扎。"朱门酒肉臭，路有冻死骨"，"苛政猛于虎"可能就是当时社会的写照。社会凝聚力减弱乃至丧失殆尽，政权只能靠貌似强大的国家机器来维持。而貌似强大的国家机器事实上其时已极其脆弱，因来自饱受苦难的中下层人民的军队士兵和下层执法人员构成这架机器的基础，一旦遇到天灾人祸或外族入侵，社会就会动荡。如领导集团不能及时采取有效的措施处理和协调好各集团和阶层利益和关系，重新焕发其曾有的凝聚力和号召力，社会动荡就会加剧，直至改朝换代的发生。

事实上，2000余年的世袭皇权制度造就为数有限雄才大略的皇帝，产生的更多是平庸乃至荒淫、误国、残暴和傀儡的皇帝。因此，脆弱的社会凝聚力和可能不称职的领导集团，在中国2000余年的历史上，发生了一次次社会动乱，上演了一场场人间悲剧，出现了一个个王朝更替。最后不得不让位于具有现代民主理念，可以真正做到"天视自我民视，天听自我民听"的以人为本的和谐社会制度。

4. 迷惘的中华民国时期

1911年的辛亥革命，推翻了清王朝，结束了延续2000余年家天下的中央集权制度，建立了以西方民主自由为理念的五权鼎立的中华民国政府。然而西方的民主自由理念强调尊重个人权利和信奉斗争哲学等，是在西方基督教文化土壤上结出的硕果。当它被引入到以以人为本和谐社会为核心价值观的土壤时，造成社会的割裂和动荡，引起社会精英的迷茫和觉悟。

5. 中华人民共和国时期

1949年建立的中华人民共和国，开创了用马克思列宁主义和西方民主平等博爱的价值观等合理成分逐步改造中国传统政治制度和社会制度等，从而逐步建立和发展以广大人民的福祉为根本出发点的新型以人为本的和谐社会的伟大历程。

(1) 政党为社会凝聚力核心

中国的先进分子根据当时国内的政治经济发展情况，从前苏联和西方引进政党制度并加以改造，创建和发展了中国共产党。中国共产党取代了传统政治制度中以皇帝为核心的宗法和军功利益集团。中国共产党成为领导和凝聚全中国人民的核心力量。

(2) 领导人科学选拔制度

通过协商和科学民主等多渠道推荐和选拔领导人，保证了领导人的政治素质（德）和领导与协调能力（才）。党和国家最高领导人选拔制、任期制和退休制从根本上避免了传统政治制度所造成国家和社会巨大的损失乃至巨大的灾难。

(3) 政治协商制度与人民代表大会制度

中国共产党领导的由民主党和无党派参与的政治协商制度和人民代表大会制度两项制度丰富和发展了中国共产党领导和凝聚全国人民的制度。

基于以人为本、天地人合一的和谐社会理念，经由马克思列宁主义理论和西方政治制度理论中的合理因素充分改造的中国传统政治制度形成当下的中国政治制度体系，已充分显示出其强大的凝聚力、生命力和创造力。自1949年中华人民共和国成立以来，中华民族已取得举世瞩目的成就。中华民族已浴火重生。

　　综上所述，以人为本、天地人合一的和谐社会理念的中国社会主流意识一直深刻影响了中国传统的以中央政府制度为主导的政治制度体系建设和发展。和而不同的和谐社会要求领导集团具有凝聚全社会的能力，要求领导人具有驾驭复杂局势的能力。以中央政府制度为主导的政治制度体系不断发展和完善，从相对低效的分权封建制发展到秦朝军功皇权制度、汉武帝起始的宗法皇权制度直至当下的中央集权制。当下政治制度体系，中国共产党是代表全中国人民根本利益的，因此具有强大领导和凝聚全社会的力量。因此，在中华民族的历史上，只有当下的政治制度，才能真正形成"天视自我民视，天听自我民听"的科学民主机制，才能真正开启建立以人为本和谐社会的征程。

　　建立、保持和发展以人为本和谐社会的目标任重而道远，中国共产党能否一如既往地承担起这副重担，取决于中国共产党及其领导人能否真正做到毛泽东同志要求的"全心全意为人民服务"；取决于中国社会能否真正做到邓小平同志希望的"全社会共同富裕"；取决于中国共产党能否做真正做到江泽民同志指出的"总是代表着中国先进生产力的发展要求，代表着中国先进文化的前进方向，代表着中国最广大人民的根本利益"；取决于中国共产党能否真正践行胡锦涛同志提出和倡导的"科学发展观"。

Influences of Climate Change on Chinese Social Development over the Last Two Millennia

Minghu Cheng et al
Meteorological Observation Center,
China Meteorological Administration, Beijing
100081, P. R. China

Abstract

Climate change has become a focus of attention by public and international scientific community (refs. 1 – 2). In fact, the climate change influences on the societal and economic activities were documented with a long history in China (refs. 3 – 6). However, still there have been many controversies regarding the role of climate change in the success or failure of societies (refs. 7 – 9), especially in an advanced and complex society such as dynastic China (refs. 10 – 13). Here we show that climate change has strongly influenced Chinese social development through the variation of the surface air temperature. Based on the published data of regional climate change in China during the past 2660 years (refs. 14 – 16) and historical literatures (refs. 17 – 19), we found that there were three asymmetrical cycles of the surface air temperature in China, forming the alternation of the fluctuated cooling and warming periods with the large time scale of several hundred years. The warming periods on the large scale were associated with powerful and prosperous dynasties, while the cooling periods were corresponding to the chaotic, or relatively poor and weak dynasties. And there was a poor correlation between the mean surface air temperature and the strength of the dynasty. It was also noted that the large scale warming and cooling periods were superimposed by alternating warming and cooling periods with the small time scale from several years to decades. In this period, all 16 transitions of the major dynasties, almost all establishments of the 12 most powerful northern minority regimes, and all the 18 biggest social unrests, were associated with the small time scale cooling or turning periods from warming to cooling. Massive social unrests were more sensitive to the turning periods than the cooling periods. In contrast with the climate cooling, the warming periods were frequently associated with relative prosperous societies.

Figure 1a shows the time series of surface air temperature anomaly with 17 major dynasties in China from BC 650 to AD 2000 (refs. 17 – 19) . In the figure, the blue and red indicate the large time scale temperature cooling and warming periods respectively. From Fig. 1a, it is clear that from BC 430, the temperature anomaly fluctuated with decreasing trend reaching the large time scale minimum in BC 170, then with 390 years increasing trend, reaching the large time scale maximum value in AD 220. This alternation formed a large time scale cooling and warming cycle. We also found that the cooling period was associated with the Warring States (WS) with the war chaos, and the Qin Dynasty with a short life of 16 years old, and the warming period was corresponding to the very powerful and prosperous dynasties of the Western Han (WH) and the Eastern Han (EH) in Chinese history. Similarly, the temperature anomaly from AD 220 to AD 2000 formed other two large time scale cycles. And these two cooling periods were associated with the chaotic eras, such as the Wei and Jin (WJ) Dynasties, the Northern and Southern Dynasties (NSD), the late Tang Dynasty, and the Five Dynasties and Ten Kingdoms (FDTK), and relatively weak dynasties, such as the Northern Song (NS) Dynasty, the Southern Song (SS) Dynasty, the Yuan Dynasty, and the Ming Dynasty. These two warming periods were connected with the very powerful and prosperous dynasties again, such as the Sui Dynasty, the Tang Dynasty, the Qing Dynasty, and the People's Republic of China (PRC). Fig. 2 shows the histogram for the dynasty-averaged temperature anomaly in China. From Figs. 1a and 2, it can be seen that the cold dynasties with the temperature anomaly less than 0.0 ℃ were the chaotic dynasties of the WS, the WJ and the NSD, the relative weak Ming Dynasty, and the powerful and prosperous dynasties of the Qin Dynasty, the WH, and the Qing Dynasty. The warm dynasties were the chaotic FDTK and the Republic of China (ROC), the relative weak dynasties of the NS, the SS, the Yuan Dynasty, and the powerful and prosperous dynasties of the EH, the Sui Dynasty, the Tang Dynasty, and the PRC. Therefore, the dynasty-averaged temperature anomaly correlated poorly with the powerfulness of the dynasty. The warmed dynasties seemed to be little bit favorable for their powerfulness. These are totally different from the current popular view that the warmed and cooled periods are associated with powerful and chaotic societies respectively.

From Figs. 1a to 1c, it is noted that the warming and cooling periods of the large time scale were superimposed by alternating warming and cooling periods with the small time scale varying from several years and decades. In this letter, considering the 10-year temporal resolution of climate change data mainly used in this study, the half-resolution of five years interval around the peak of temperature anomaly was defined as the turning period from warming to cooling. From Fig. 1a, we found that all 16 transitions of the major dynasties were associated with the small time scale warming, cooling periods or the turning periods. Although from Fig. 1a, the transition from the ROC to the PRC may be classified into the warming period. However, when examining the more precise data with the time resolution of one year show in Fig. 1c, it can be found that the transition actually occurred in a small time scale climate cooling period, which should be classified into the turning period in this investigation. Therefore, from Figs. 1a and 1c with Supplementary Table 1, we found that in the cooling periods, there were 10 dynastic transitions, including the Spring and Autumn Period (SAP) to the Warring States, the Qin Dynasty to the WH, the WJ to the NSD, the NSD to the Sui Dynasty, the Sui Dynasty to the Tang Dynasty, the Tang Dynasty to the FDTK, the NS to the SS, the SS to the Yuan Dynasty, the Ming Dynasty to the Qing Dynasty, and the Qing Dynasty to the ROC. And in the turning periods, there were six dynastic transitions including the Warring States to the Qin Dynasty, the WH to the EH, the EH to the WJ, the FDTK to the NS, the Yuan Dynasty to the Ming Dynasty, and the ROC to the PRC. Therefore, during the last 2660 years, all 16 major dynastic transitions occurred in the small time scale cooling or turning periods. It should be pointed out that there were many more small time scale cooling and turning periods without any dynastic transitions.

Fig. 1a also shows the establishments of 12 northern minority regimes in China during the past 2660 years (refs. 17–19), including the Huns (1), the Later Han (2), the Later Zhao (3), the Former Qin (4), the Northern Wei Dynasty (5), Tujue (6), the Liao Dynasty (7), the Western Xia Regime (8), the Jin Dynasty (9), the Mongolia Unification (10), Tatar (11), and the Later Jin (12). The reason behind the selection of 12 northern minority regimes is because of their significant influences in the Chinese history. From Fig. 1a and Supplementary Table 2, we found that the establishments of the Huns, the Later Han, the Later Zhao, the Northern Wei Dynasty, Tujue, the Liao Dynasty and the Later Jin were all in the small time scale cooling periods; and the Western Xia Regime, the Jin Dynasty, the Mongolia Unification and Tatar were established in the turning periods. But the Former Qin is an exception, which established in a warming period. Therefore, almost all the establishments of these 12 northern minority regimes were associated with the small time scale cooling or the turning periods.

Figs. 1b and 1c show the temperature anomaly curve with the 18 biggest social unrests during the last 2660 years in Chinese history (refs. 17 - 19), including Chen Sheng-Wu Guang Uprising (1) in the Qin Dynasty, the Chi Mei and Lu Lin Uprising (2) in the WH, the Yellow Turbans Uprising (3) in the EH, Disturbances of the Eight Princes (4) and Li Te Uprising (5) in the WJ, the Mahayana Sects Uprising (6) in the NSD, the Peasant Uprisings of the Late Sui (7) in the Sui Dynasty, the Rebellion of An and Shi (8) and Huang Chao Uprising (9) in the Tang Dynasty, Uprising by Wang Xiaobo (10) and Uprisings by Song Jiang and Fang La (11) in the NS, Uprising by Zhong Xiang and Yang Yao (12) in the SS, the Red Scarves Uprising (13) in the Yuan Dynasty, the Peasant Uprisings of the Late Ming (14) in the Ming Dynasty, the White Lotus Sects Uprising (15), the Taiping Peasant War (16), and the Wuchang Uprising (17) in the Qing Dynasty, and China's War of Liberation (18) in the ROC. From Figs. 1b and 1c with Supplementary Table 3, we found that 11 of these 18 events corresponded to the small time scale turning periods, including Nos. 2 to 4, 6 to 9, 11, 13 to 14, and 18, and other seven events were associated with the cooling periods with Nos. 1, 5, 10, 12, and 15 to 17. Therefore, massive social unrests were more sensitive to the turning periods than the cooling periods. And we also found that not all turning or cooling periods were associated with the massive social unrests. By examining these 18 massive social unrests, there were only seven events with numbers of 1, 2, 7, 13, 14, 17, and 18 leading to direct dynastic transitions.

The top panel in Fig. 1b shows the six best-known periods of prosperity in the Chinese history during the last 2000 years (refs. 17 – 19), including the Rule of Emperor Guangwu (REG) in the EH with 33 years, the Rule of Kaihuang (RK) in the Sui Dynasty with 24 years, the Benign Administration of the Zhenguan Reign Period (BAZRP) and the Flourishing Kaiyuan Reign Period (FKRP) in the Tang Dynasty with 23 and 29 years respectively, the Golden Age of Three Emperors (GATE) in the Qing Dynasty with 116 years, and the PRC with more than 60 years, in which the red and blue show the prosperous periods mainly associated with climatic warming and cooling periods respectively. The REG and the BAZRP were associated with the small time scale cooling periods with a total duration of 56 years, and the RK, the FKRP, the GATE and the PRC connected with the warming periods with a total duration of more than 229 years. The frequencies and total duration of these prosperous periods associated with the warming periods are 2.0 and over 4.1 times than the cooling periods respectively during the last 2000 years. Thus, in contrast with the climate cooling, the warming periods were frequently associated with relative prosperous and stable societies (for details, see Supplementary Table 4).

Methods

The data of climate change used in this investigation were selected from published three sets of surface air temperature series (refs. 14 – 16), rather than precipitation and the east Asian monsoon series for generally precipitation events are quite local (refs. 20 – 21) which make to reconstruct precipitation series representing Chinese region with reasonable accuracy impossible, and there have been strong arguments regarding the role of climate change due to the use of the east Asian monsoon data (refs. 10 – 13). China-wide temperature composite covering the last 2000 years (AD0-2000) with the temporal resolution of 10 years were chosen from the named complete data set (ref. 14), which were established by combining multiple paleoclimate proxy records obtained from ice cores, tree rings, lake sediments and historical documents. And temperature series (BC660-0) were also selected from warm season (May to August) temperature reconstruction (BC665-AD1985), which were derived from a correlation between thickness variations in annual layers of a stalagmite from Shihua Cave, Beijing, China and instrumental meteorological records (ref. 15). Both together forms the complete climate change data set from BC660 to AD2000 used in this investigation, which are shown in Figs. 1a and 1b, in which the temperature series from BC660 to AD0 were transferred into the temporal resolution of 10 years. To clearly examine the historical events with climate change, the temperature anomaly series for 1905 – 2001 shown in Fig. 1c, also were used in this investigation, which were derived from weather observation data (ref. 16). To study climate change how to influence Chinese social development, historical events were selected (refs. 17 – 19). These historical events include all 16 transitions of the major dynasties, 12 establishments of the most powerful northern minority regimes, and the 18 biggest social unrests during the past 2660 years. And six prosperous and stable societies also were examined.

References

1. Qin, D. & Chen, Y. *Climate and Environment Changes in China* [in Chinese]. (Science Press, Beijing, 2005).

2. Pachauri, R. K. & Reisinger, A. (Eds.). *IPCC Fourth Assessment Report: Climate Change 2007.* http://www.ipcc.ch/publications_ and_ data/ar4/syr/en/contents. html. (2007).

3. Zuo, Q. *Guoyu* [in Chinese]. (Zhonghua Book Company, Beijing, 2007).

4. Chu, K. A. Preliminary study on the climatic fluctuations during the last 5,000 years in China [in Chinese]. *Science in China*, Ser. A 2 (1), 15−38 (1972).

5. Ding, Y. H. et al. *The Comprehensive Volume for the Canon of Meteorological Disasters in China* [in Chinese]. (China Meteorological Press, Beijing, 2008).

6. Hsu, K. J. Sun, climate, hunger, and mass migration, *Science in China*, Ser. D 41 (5), 450−472 (1998).

7. Diamond, J. *Collapse*. (Penguin, London, 2005).

8. Fagan, B. Floods, *Famines and Emperors: El Nino and the Fate of Civilizations*. (Pimlico, London, 2000).

9. Haug, G. H. et al. Climate and the collapse of Maya civilization. *Science* 299, 1731−1735 (2003).

9a. James W. W. et al. Stalagmite evidence from Belize indicating significant droughts at the time of Preclassic Abandonment, the Maya Hiatus, and the Classic Maya collapse. Palaeogeography, Palaeoclimatology, Palaeoecology 250, 1−17 (2007).

10. Yancheva, G. et al. Influence of the intertropical convergence zone on the East Asian monsoon. Nature 455, 74−77 (2007).

11. Zhang, D. E. & Lu, L. H. Anti-correlation of summer/winter monsoons? Nature 450, doi: 10.1038/Nature 06338 (2007).

11a. Yancheva et al. Replying to: De'er Zhang & Longhua Lu Nature 450, doi: 10.1038/nature06338 (2006).

12. Zhang, P. et al. A test of climate, Sun, and culture relationships from an 1810-year Chinese cave record. *Science* 322, 940−942 (2008).

13. Zhang, D. E., Li, H. C., Ku, T., Lu, L. H. On linking climate to Chinese dynastic change: Spatial and temporal variations of monsoonal rain. *Chinese Sci. Bull* 55: 77−83, doi: 10.1007/s11434−009−0584−6 (2010).

14. Yang, B., Braeuning A, Johnson K R, Shi, Y. Gen-

eral characteristics of temperature variation in China during the last two millennia. *Geoph. Res. Lett.* 29 (9), 381-384 (2002).

15. Tan, M. et al. Cyclic rapid warming on centennial-scale revealed by a 2650-year stalagmite record of warm season temperature. *Geoph. Res. Lett.* 30 (20), 19-1-4 (2003).

16. Tang, G. & Ren, G. Reanalysis of surface air temperature change of the last 100 years over China [in Chinese]. *Clim. Envir. Res.* 10 (4), 791-798 (2005).

17. Yu, H. & Li, N. *General History of China* [in Chinese]. (Heilongjiang Science and Technology, Heilongjiang, 2007).

18. Bai, S. *General History of China* [in Chinese]. (People's Publishing House, Shanghai, 2007).

19. Bai, S. *An Outline History of China.* (Foreign Languages Press, Beijing, 1998).

20. Cheng, M. *Estimation of Precipitation using Satellite, Radar, and Rain Gauge Data.* (Ph. Thesis, The University of Bristol, Bristol, 1994).

21. Cheng, M. et al. *Principle and Techniques of Heavy Rainfall Retrieval using Doppler Radar Data* [in Chinese]. (China Meteorological Press, Beijing, 2004).

22. Zhang, Z. et al. Periodic climate cooling enhanced natural diasasters and wars in China during AD 10-1900. *Proc. R. Soc. B*,

doi: 10.1098/rspb.2010.0890 (2010).

23. Carneiro, R. L. A theory of the origin of the state. *Science* 169, 733 – 738 (1970).

25. Fang, X., Ge, Q., Zhang, J. Progress and prospect of researches on impacts of environmental changes on Chinese civilization [in Chinese]. *Jour. Palaeogeo.* 6 (1), 85 – 94 (2004).

26. Zhang, Y., Zhao, X., Zhao, Q., Tian, W. The relations of the significant historical event in China and the climatic change since 2000. Jour. Meteo. Res. App. 29 (1), 20 – 40 (2008).

27. Zhang, D. D. et al. Global climate change, war, and population decline in recent human history. Proc. Nati. Aca. Sci. 104 (49), 19214 – 19219 (2007).

Figure Legend

Figure 1 Time series of surface air temperature anomaly and social development in China from BC 650 to AD 2000. (a) The establishments of 12 northern minority regimes in China are marked with numbers (see the content) in the temperature anomaly curve, and Chinese dynasties are also shown. These dynasties are the Spring and Autumn Period (SAP), the Warring States (WS), the Qin Dynasty, the Western Han (WH), and the

Eastern Han (EH), the Wei and Jin (WJ) Dynasties, the Northern and Southern Dynasties (NSD), the Sui Dynasty, the Tang Dynasty, the Five Dynasties and Ten Kingdoms (FDTK), the Northern Song (NS) Dynasty, the Southern Song (SS) Dynasty, the Yuan Dynasty, and the Ming Dynasty, the Qing Dynasty, Republic of China (ROC), and the People's Republic of China (PRC). The blue and red indicate the cooling and warming periods respectively for the large time scale. (b) As (a) but for 18 the biggest social unrests indicated by numbers (see the content) with the beginning times. The top panel shows the six best-known periods of prosperity in Chinese history during the last 2000 years including the Rule of Emperor Guangwu (REG), the Rule of Kaihuang (RK), the Benign Administration of the Zhenguan Reign Period (BAZRP), and the Flourishing Kaiyuan Reign Period (FKRP), the Golden Age of Three Emperors (GATE), and the PRC. The blue and red indicate the small time scale cooling and warming periods respectively in the top panel (c) Time series of surface annual air temperature anomaly in China for 1905 – 2001 with the events of the Wuchang Uprising (17), and the War of Liberation (18).

Figure 2 The histogram for the dynasty averaged temperature anomaly in China. Figure

132　气候变化与社会发展

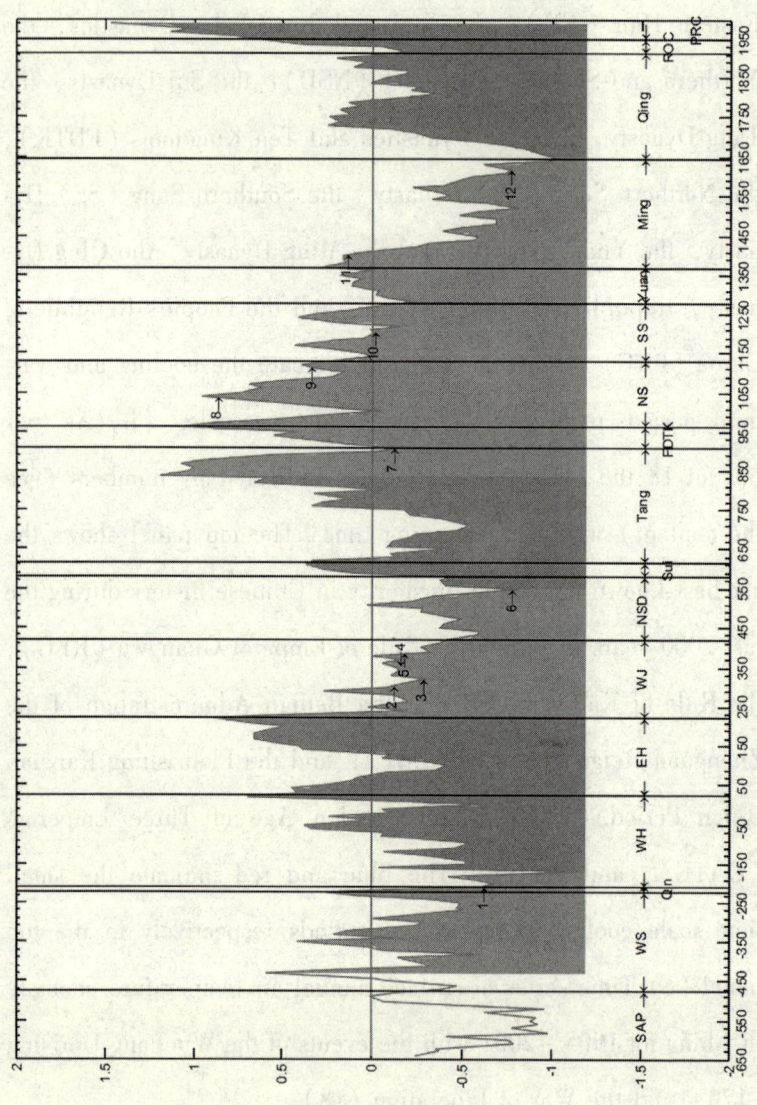

Figure 1

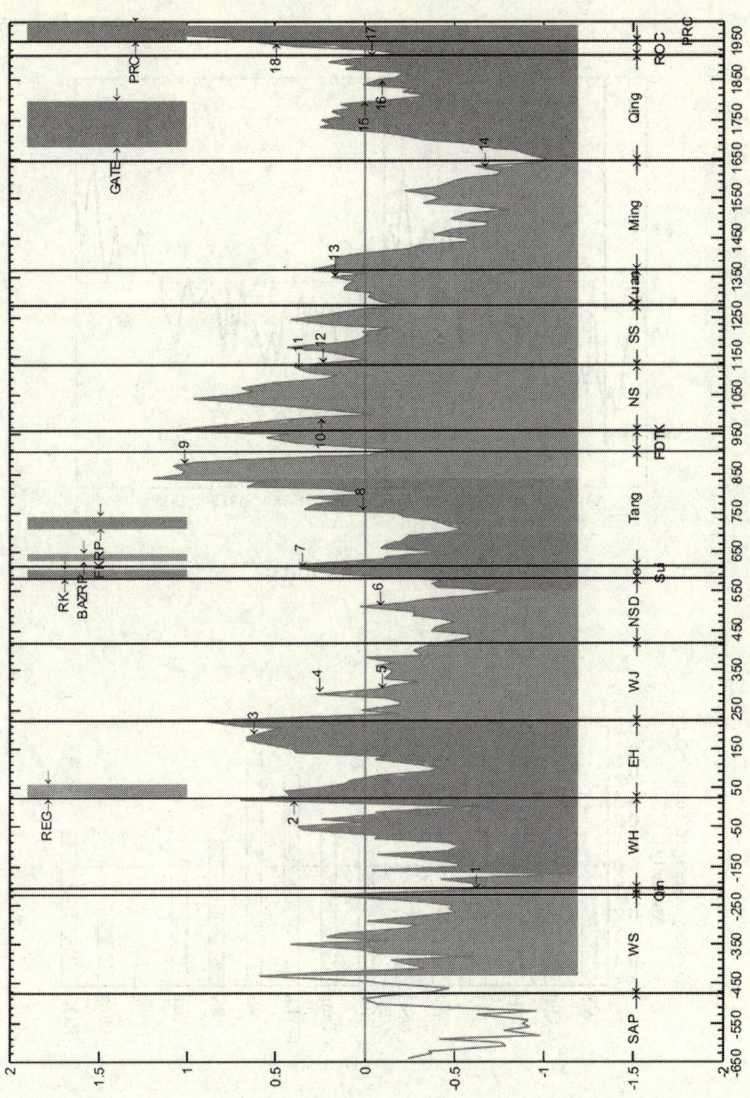

Figure 1 (Continued)

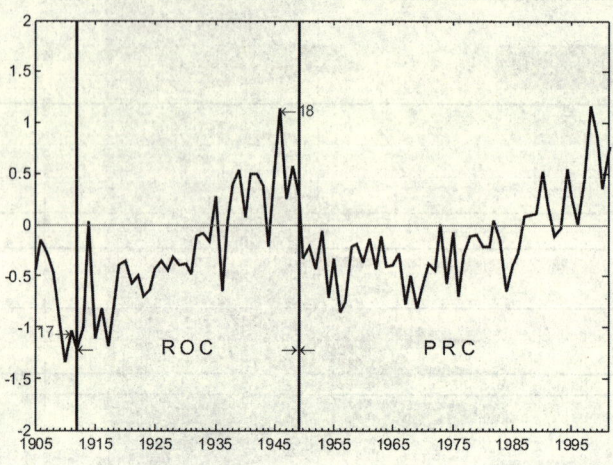

Figure 1 (Continued)

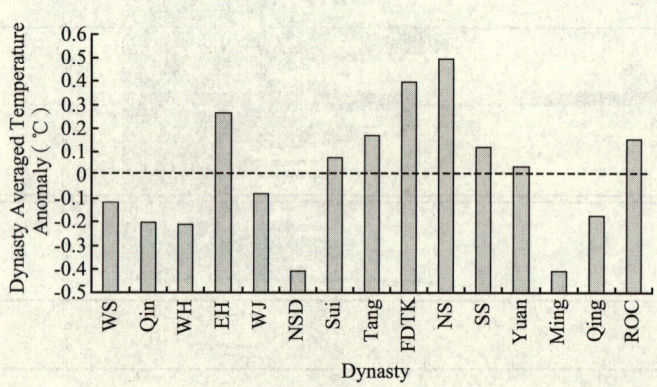

Figure 2

Supplementary Information

SUPPLEMENTARY FIGURE

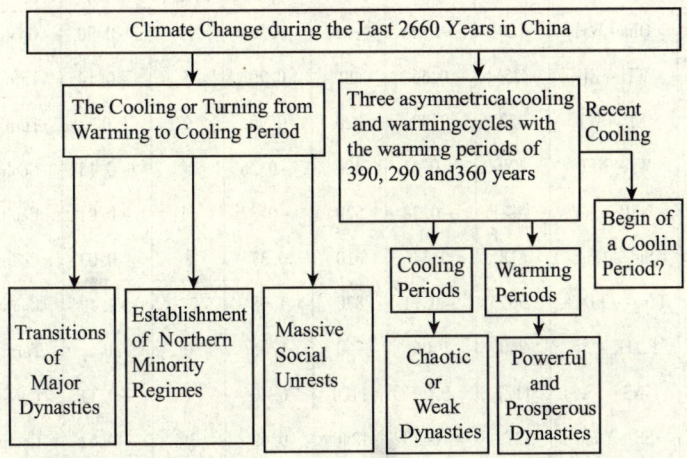

Supplementary Figure 1: The schematic summarizing the main result for the letter entitled influences of climate change on Chinese social development over the last two millennia

SUPPLEMENTARY TABLES

Supplementary Table 1 The Summary for 16 Major Dynasty Transitions with Climate Change

Number	Dynasty Transition	Dynasty Transition Time 1 (year)	TA 1 ($°C$)	The nearest Peak Time 2 (year)	TA 2 ($°C$)	Difference Time1 – Time2 (year)	TA1 – TA 2 ($°C$)	Type of Climate Change
1	SAP – WS	–476	–0.24	–490	0.01	14	–0.25	Cooling
2	WS – Qin	–221	0.25	–220	0.26	–1	–0.01	Turning

Continued

Number	Dynasty Transition	Dynasty Transition Time 1 (year)	Dynasty Transition TA 1 (℃)	The nearest Peak Time 2 (year)	The nearest Peak TA 2 (℃)	Difference Time1 − Time2 (year)	Difference TA1 − TA 2 (℃)	Type of Climate Change
3	Qin − WH	−206	−0.64	−220	0.26	14	−0.90	Cooling
4	WH − EH	25	0.56	20	0.70	5	−0.14	Turning
5	EH − WJ	220	0.90	220	0.90	0	0	Turning
6	WJ − NSD	420	−0.41	400	−0.26	20	−0.15	Cooling
7	NSD − Sui	581	−0.38	570	−0.37	11	−0.01	Cooling
8	Sui − Tang	618	0.34	610	0.37	8	−0.03	Cooling
9	Tang − FDTK	907	−0.11	870	1.08	37	−1.19	Cooling
10	FDTK − NS	960	1.06	960	1.06	0	0	Turning
11	NS − SS	1127	0.29	1120	0.40	7	−0.11	Cooling
12	SS − Yuan	1279	−0.20	1240	0.42	39	−0.62	Cooling
13	Yuan − Ming	1368	0.24	1370	0.30	−2	−0.06	Turning
14	Ming-Qing	1644	−1.00	1630	−0.62	14	−0.38	Cooling
15	Qing − ROC	1912	−0.05	1900	0.20	12	−0.25	Cooling
16	ROC − PRC	1949	0.27	1946	1.14	3	−0.87	Turning

The table summarizes 16 major dynasty transitions associated with types of climate change, identification numbers, times and temperature anomalies (TA) during the last 2660 years. The times and TAs for these transitions associated the nearest peaks in the trend line are given. And the time and TA differences between these transitions and the nearest peaks are obtained.

Supplementary Table 2　The Summary for Establishments of 12 Northern Minority Regimes in China with Climate Change

Number	Minority Regime Established	Establishment Time 1 (year)	TA 1 (℃)	The nearest Peak Time 2 (year)	TA 2 (℃)	Difference Time 1 − Time 2 (year)	TA 1 − TA 2 (℃)	Type of Climate Change
1	The Huns[a]	−209	−0.62	−220	0.26	11	−0.88	Cooling
2	The Later Han	304	−0.11	290	0.27	14	−0.38	Cooling
3	The Later Zhao	319	−0.28	290	0.27	29	−0.55	Cooling
4	The Former Qin	351	−0.13	360	−0.06	−9	−0.07	Warming
5	The Northern Wei Dynasty	386	−0.20	380	0.00	6	−0.2	Cooling
6	Tujue	552	−0.73	510	0.03	42	−0.76	Cooling
7	The Liao Dynasty	907	−0.11	870	1.08	37	−1.19	Cooling
8	The Western Xia Regime	1038	0.91	1040	0.96	−2	−0.05	Turning
9	The Jin Dynasty	1115	0.36	1120	0.40	−5	−0.04	Turning
10	Mongolia Unification	1206	0.00	1210	0.01	−4	−0.01	Turning
11	Tatar[b]	1402	0.15	1400	0.17	2	−0.02	Turning
12	The Later Jin	1616	−0.75	1570	−0.22	46	−0.53	Cooling

(a) Due to the exact year of the establishment for the Huns is not available, the year for documented the first Chanyu is accepted.

(b) Due to the exact year of the establishment for Tatar is not available, the year for documented the first Khan is accepted.

The table summarizes 12 establishments of northern minority regimes in China associated with types of climate change, identification numbers, times and temperature anomalies (TA) during the last 2660 years. The times and TAs for these establishments associated the nearest peaks in the trend line are given. And the time and TA differences between these establishments and the nearest peaks are obtained.

Supplementary Table 3: The Summary for the 18 Biggest Social Unrests with Climate Change

Number	Massive Social Unrest (Dynasty)	Social Unrest Time 1 (year)	Social Unrest TA 1 (°C)	The nearest Peak Time 2 (year)	The nearest Peak TA 2 (°C)	Difference Time 1 −Time 2 (year)	Difference TA 1 − TA 2 (°C)	Type of Climate Change	Dynasty Transition
1	Chen Sheng-Wu Guang Uprising (Qin)	−209	−0.62	−220	0.26	11	−0.88	Cooling	Yes
2	The Chi Mei and Lu Lin Uprising (WH)	17	0.48	20	0.70	−3	−0.22	Turning	Yes
3	The Yellow Turbans Uprising (EH)	184	0.63	180	0.66	4	−0.03	Turning	No
4	Disturbances of the Eight Princes (WJ)	291	0.24	290	0.27	1	−0.03	Turning	No
5	Li Te Uprising (WJ)	301	−0.09	290	0.27	11	−0.36	Cooling	No
6	The Mahayana Sects Uprising (NSD)	515	−0.09	510	0.03	5	−0.12	Turning	No
7	The Peasant Uprisings of the Late Sui (Sui)	611	0.37	610	0.37	1	0	Turning	Yes

Continued

Number	Massive Social Unrest (Dynasty)	Social Unrest Time 1 (year)	Social Unrest TA 1 (℃)	The nearest Peak Time 2 (year)	The nearest Peak TA 2 (℃)	Difference Time 1 −Time 2 (year)	Difference TA 1 − TA 2 (℃)	Type of Climate Change	Dynasty Transition
8	The Rebellion of An and Shi (Tang)	755	0.09	760	0.34	−5	−0.25	Turning	No
9	Huang Chao Uprising (Tang)	875	1.01	870	1.08	5	−0.07	Turning	No
10	Uprising by Wang Xiaobo (NS)	993	0.22	960	1.06	33	−0.84	Cooling	No
11	Uprisings by Song Jiang and Fang La (NS)	1119	0.39	1120	0.40	−1	−0.01	Turning	No
12	Uprising by Zhong Xiang and Yang Yao (SS)	1130	0.24	1120	0.40	10	−0.16	Cooling	No
13	The Red Scarves Uprising (Yuan)	1351	0.16	1350	0.18	1	−0.02	Turning	Yes
14	The Peasant Uprisings of the Late Ming (Ming)	1628	−0.64	1630	−0.62	−2	−0.02	Turning	Yes
15	The White Lotus Sects Uprising (Qing)	1796	−0.01	1790	0.13	6	−0.14	Cooling	No
16	The Taiping Peasant War (Qing)	1851	−0.08	1840	0.01	11	−0.09	Cooling	No
17	The Wuchang Uprising (Qing)	1911	−0.04	1900	0.20	11	−0.24	Cooling	Yes
18	China's War of Liberation (ROC)	1946	1.14	1946	1.14	0	0	Turning	Yes

The table summarizes the 18 biggest social unrests associated with the dynasties, types of climate change, identification numbers, beginning times, and temperature anomalies (TA) during the last 2660 years. The times and TAs for these massive social unrests associated the nearest peaks in the trend line are also given. And the time and TA differences between these massive social unrests and the nearest peaks are obtained. These massive social unrests whether leaded to the dynasty transition are also illustrated.

Supplementary Table 4　The Six Most Famous Prosperous Periods with the Durations and Associated Types of Climate Change since AD 0 Year

Number	Boom Period (year)	Duration (year)	Type of Climate Change
1	The Rule of Emperor Guangwu (25 – 57)	33	Cooling
2	The Rule of Kaihuang (581 – 604)	24	Warming
3	The Benign Administration of the Zhenguan Reign Period (627 – 649)	23	Cooling
4	The Flourishing Kaiyuan Reign Period (713 – 741)	29	Warming
5	The Golden Age of Three Emperors (1681 – 1796)	116	Warming
6	The People's Republic of China (1949 to now)	>60	Warming

后 记

《气候变化与社会发展》将由社会科学文献出版社出版了。作为一个已有100余篇论文、研究报告，多部专著的学者，出版新书和发表文章是我正常生活的一部分，是平常的事儿。然而本书的出版却使我有些不同寻常，可以说有些激动。也许是因为本书的出版是我研究生涯的一大突破，从研究纯自然科学的气象和信息学科转为对自然和社会交叉学科研究。因此想借此机会说几句。

《气候变化与社会发展》是我计划出版系列丛书的第一本，其他为《北魏至盛唐的社会主义萌芽——兼论气候变化对社会发展的影响》、《人性与社会发展——对人、人性、气候变化、中西方文明及文明融合的思考》、《唯物论和中国发展思考》和《西方的危机与可能的出路》等。前三本书已脱稿，第四、第五本书正在撰写中，很快也将完稿。这套丛书的目的是希望从理论上破除"西方文明中心论"和"全盘西化"，消融自鸦片战争以来"西风东渐"造成我国文化和思想等方面的混乱和冲突。为振兴我中华民族的自信心，弘扬中华文明的优秀传统，吸收西方文明的合理成分献计献策。为达到上述目的，笔者对我国政治、经济、文化和社会以及人性、社会主义、唯物论、气候变化等进行了新的诠释，并在一定的范围内征求了意见，进行了充分的讨论。

《气候变化与社会发展》分为两部分。第一部分为《两千余年中国气候变化与社会发展关系机理研究及应对气候变化的思考》。这一部分是我在 2009 年 12 月撰写的年度研究总结报告。该报告在一定的范围内征求意见后，于 2010 年 2 月定稿。2010 年春节后不久，又将定稿的报告送与有关部门的专家和领导进一步征求意见，他们是宁吉喆教授（国务院研究室副主任）、袁驷教授（全国人大环境与资源保护委员会副主任委员、清华大学副校长）、丁仲礼院士（中国科学院副院长）、郑国光教授（中国气象局局长）、胡四一教授（水利部副部长）、丁一汇院士（中国工程院气候变化咨询组组长）、肖子牛教授（国家气候中心主任）、宋连春教授（中国气象局气象探测中心主任）、端义宏教授（国家气象中心主任）、孙健教授（中国气象局公共气象服务中心主任）、谭铁牛教授（中国科学院副秘书长）、林金桐教授（北京邮电大学校长）、彭镇华教授（中国林业科学研究院）、周秀骥院士（中国气象科学研究院）、李泽椿院士（国家气象中心）、陈联寿院士（中国气象科学研究院）、许建民院士（国家卫星气象中心）、徐祥德院士（中国气象科学研究院）、程京院士（清华大学）、朱瑞平教授（北京师范大学）、徐飞教授（中国科学技术大学）、杜莹芬研究员（中国社会科学院）、余志伟教授（中国矿业大学）等。第二部分为气候变化与社会发展的一些研究论文和摘要。其中《气候和环境变化与社会状态相互作用引发社会变化和发展理论》一文提出了气候变化和社会发展的理论。英文文章 Influences of climate change on Chinese social development over the last two millennia 是作者为投稿英国《自然》(Nature) 期刊撰写的，编辑在这儿是为不懂汉语的英文读者能了解本文的一些观点而考虑的。本书的研究成果也在一些场合作了公开的交流，如2010年8月在北京香山举行的中国工程院气候变化咨询项目——"科学认识气候变化及其后果"问题研究组第二次讨论会上作了全面的报告。

笔者作为中国工程院气候变化咨询项目——"科学认识气候变化及其后果"问题研究组的成员，非常感谢中国工程院、课题组组长和各专家的鼓励和支持。特别感谢彭镇华先生对本专著指导性的建议和在百忙中为本专著作序。由衷地感谢宁吉喆教授的鼓励和支持及为出版本书给予的帮助。也感谢刘国华研究员等建议和支持。中国工程院和中国气象局气象探测中心资助了项目的研究和本书的出版。

  这儿也不得不感谢我那英年早逝的女朋友高娜的母亲张俊媛和我二姐程明珠轮流对我生活的照顾，以及我那正上中学的女儿程英华对我几乎将所有业余时间花在丛书写作上的理解。我那美丽、聪慧、善良、才华横溢的女朋友高娜生前对我的欣赏，以及对我写作冲动的鼓励，也是本丛书形成的原因之一。

  在此，一并感谢！

程明道

2011 年 11 月 11 日

图书在版编目(CIP)数据

气候变化与社会发展/程明道著 . —北京：社会科学文献出版社，2012.3
ISBN 978 - 7 - 5097 - 3033 - 1

Ⅰ.①气… Ⅱ.①程… Ⅲ.①气候变化 - 影响 - 社会发展史 - 研究 - 世界 Ⅳ.①P467 ②K1

中国版本图书馆 CIP 数据核字（2011）第 271487 号

气候变化与社会发展

著　　者 / 程明道

出　版　人 / 谢寿光
出　版　者 / 社会科学文献出版社
地　　址 / 北京市西城区北三环中路甲 29 号院 3 号楼华龙大厦
邮政编码 / 100029

责任部门 / 编译中心（010）59367004　　责任编辑 / 曹义恒　冯立君
电子信箱 / bianyibu@ ssap. cn　　　　　　责任校对 / 刘宏桥
项目统筹 / 曹义恒　　　　　　　　　　　 责任印制 / 岳　阳
总　经　销 / 社会科学文献出版社发行部　（010）59367081　59367089
读者服务 / 读者服务中心（010）59367028

印　　装 / 三河市文通印刷包装有限公司
开　　本 / 787mm × 1092mm　1/20　　印　张 / 8
版　　次 / 2012 年 3 月第 1 版　　　　　 字　数 / 90 千字
印　　次 / 2012 年 3 月第 1 次印刷
书　　号 / ISBN 978 - 7 - 5097 - 3033 - 1
定　　价 / 49.00 元

本书如有破损、缺页、装订错误，请与本社读者服务中心联系更换
△ 版权所有　翻印必究